地球温暖化

電気の話と、私たちにできること

田中優

拡大している」と指摘した（2020年9月18日、
米国カリフォルニア州ライトウッド①）

絶滅の危機に拍車
小さくなった海氷の上に乗るホッキョクグマの親子。氷上でアザラシなどを狩るため、温暖化による海氷の減少で絶滅の危機に拍車がかかっている（2013年8月13日、北極圏スヴァーバル諸島②）

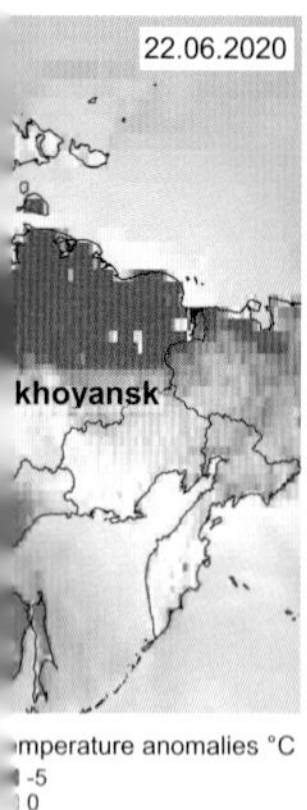

南極で史上最高気温18.3℃
南極大陸北端にあるアルゼンチン・エスペランサ研究基地のまわりで暮らすジェンツーペンギン。世界気象機関（WMO）は2月6日の観測で史上最高気温18.3℃を記録したと発表した（2020年2月7日、南極③）

アルプスの氷河が解けて湖に

気温上昇の影響で、アルプス地方ゼルデンでは巨大な氷河が解けて氷河湖に。山の斜面が不安定になり、地滑りや洪水のリスクや、観光業への影響も懸念されている（2019年8月17日、オーストリア・チロル州④）

明らかな氷河の激減

アルプス地方・コルヴァッチ氷河の減少をとらえた写真。モノクロ写真は撮影時期不明、2003年8月19日撮影、2019年8月27日撮影の写真と比べてみると、その激減ぶりがよくわかる。アルプスの氷河は「今世紀末に姿を消してしまうかもしれない」との予測も（スイス・グラウビュンデン州⑤）

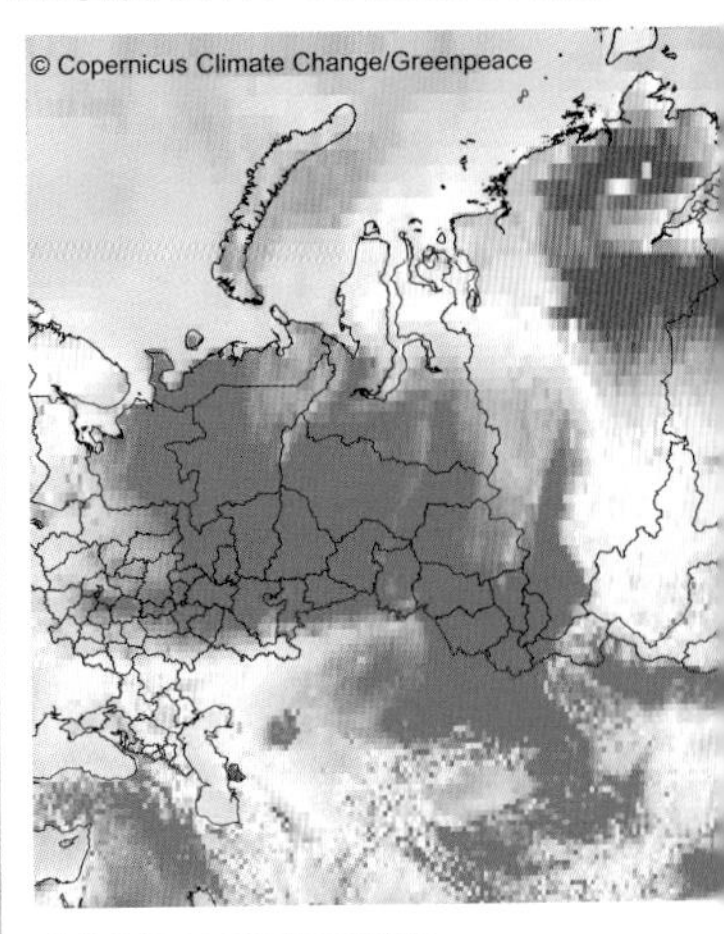
© Copernicus Climate Change/Greenpeace

北極圏でも38℃の熱波

シベリア地方のサハ共和国ベルホヤンスクで2020年6月20日、北極圏での観測史上最高気温38℃を記録（2020年6月22日、ロシア⑥）

世界最大のサンゴ礁が「白化」

世界最大のサンゴ礁であるグレートバリアリーフで、海水温・酸性度の上昇によって大規模な「白化現象」が発生。サンゴの死滅は温暖化をさらに加速させ、多くの生物の棲み処を奪ってしまうばかりか、経済的な損失も大きい（2017年3月17日、オーストラリア・クイーンズランド州⑦）

海面上昇の最前線

防波堤の建設が進むマーシャル諸島・マジュロ環礁。この島々では、豪雨・洪水、海面上昇や高波による海岸侵食・浸水のため、多くの家屋が損傷し放棄された。気候変動は島民の飲料水・作物供給にも影響を及ぼしている（2018年11月14日、マーシャル諸島⑧）

大洪水で国土の3分の1が水没

2020年夏、バングラデシュではモンスーンによる大洪水で国土の3分の1が水没。国土の3分の2が海抜5m以下のバングラデシュでは、2050年までに気候変動の影響による国内避難民が1330万人に及ぶとの予測もある（2020年7月21日、バングラデシュ・ダッカ⑨）

“水の都”の8割以上が浸水

世界中から観光客が集まるヴェネツィアで高潮が発生し、市内の8割以上が浸水。最高水位は187㎝に達した。イタリア国立地球物理学火山学研究所などの研究によると、ヴェネツィアの平均海面は2050年に最大約42㎝、2100年には最大約108㎝上昇すると想定されている（2019年11月14日、イタリア・ヴェネツィア⑩）

「世界最大のダム」決壊の可能性も!?

中国では2020年6月からの大雨で揚子江流域に大規模な洪水が発生、流域の各都市で深刻な被害を出した。写真は湖北省武漢市の、約700年前に岩の上に建てられた観音閣。揚子江流域では毎年のように大洪水が起きていて、中流に位置する三峡ダムが「大量の雨水の圧力で決壊するのでは」との危惧も出てきている（2020年7月19日、中国湖北省⑪）

“死の谷”の非公式温度計が56℃を表示

カリフォルニア州デスバレー国立公園のファーニスクリークビジターセンターの温度計は2021年7月11日、摂氏56℃を表示。これは「非公式温度計」で、公式記録は54.4℃（2021年7月11日、米国カリフォルニア州⑫）

オアシスの危機

温暖化の影響で、砂漠化も急速に進行している。かつては砂漠を行き交う人々のオアシスとして存在していた町も、今は緑を失い砂に覆い尽くされている（2019年9月3日、モロッコ⑭）

野生生物への被害も

オーストラリアで発生した森林火災で火傷を負ったポッサム。近年オーストラリアでは森林火災が頻発し、多くの野生生物が巻き込まれている（2020年1月12日、オーストラリア・ニューサウスウェールズ州⑬）

シベリアの森林火災

地球にとって貴重なタイガ（針葉樹林）が広範囲に焼失してしまい、永久凍土が解けてメタンガスが湧き出している（2020年7月17日、ロシア・クラスノヤルスク地方⑮）

インドでは6億人以上が「深刻な水不足」に直面

総人口世界第2位のインドでは水不足が深刻で、インド政策委員会が2018年夏に発表した報告書によると、インドでは6億人以上が「深刻な水不足」に直面し、毎年推定約20万人が死亡しているという。写真は、大規模な旱魃によって干上がってしまった池。村の貴重な水源だった（2016年3月6日、インド・マハラシュトラ州⑯）

気候変動がイナゴ大発生の原因に

ケニアでイナゴが大発生して農業に大打撃を与え、農民たちが飢餓に直面している。その原因は、気候変動の影響で起きた旱魃と洪水がイナゴに好ましい繁殖条件となったためだという（2020年2月7日、ケニア・キトゥイ郡⑰）

未来を生きる人たちのために

ベルリンの「Fridays for Future」(若者たちが気候変動への対策を訴えるアクション)に参加した、環境活動家のグレタ・トゥーンベリさん。彼女がスウェーデンで始めた活動が、世界中に広がった(2019年3月29日、ドイツ・ベルリン⑱)

【写真】①David McNew/Greenpeace　②Larissa Beumer/Greenpeace　③Abbie Trayler-Smith/Greenpeace　④ Mitja Kobal/Greenpeace　⑤ Gesellschaft fuer oekologische Forschung/Greenpeace　⑥ Elena Makurina/Greenpeace　⑦Dean Miller/Greenpeace　⑧Genevieve French/Greenpeace　⑨EPA＝時事　⑩Roberto Silvino/Greenpeace　⑪STR/AFP via Getty Images　⑫David Becker/Getty Images/AFP　⑬Kiran Ridley/Greenpeace　⑭ Therese di Campo/Greenpeace　⑮ Julia Petrenko/Greenpeace　⑰ Paul Basweti/Greenpeace　⑯ Subrata Biswas/Greenpeace　⑱DPA/共同通信イメージズ

はじめに

地球温暖化の事態は、年々悪化の一途を辿っている。私が2007年に上梓した『地球温暖化/人類滅亡のシナリオは回避できるか』(扶桑社新書)では、「現在は〝試合終了〟までのロスタイム」と表現していたが、これは間違ってはいなかったと思う。10年以上前に出版された同書の帯には「残り時間はもう10年もない!?」とも書かれていた。それを見て「残り時間は10年以上あったじゃないか」と思う人がいるかもしれない。

しかし、これは誤解なのだ。このことを考えると「脳トレーニング」のこんなクイズを思い出してしまう。

「睡蓮は1日で2倍の大きさになります。20日目には池と同じ大きさになります。では、池の半分の大きさになるのは何日目でしょう?」

答えは19日目。1日で倍になるのだから。このクイズの答えと、海水面上昇の話は似ている。「まだまだ先の話だ」と思っていても、海水面上昇の速度は加速度がついたように早くなってしまう。池が睡蓮に完全に覆われる日の前日、つまり19日目に当たるのが「10年しかない?」と表現した2007年頃なのだ。10年以上経った時点ですぐに全員が滅びるということではない。いわば爆走中の自動車のブレーキが壊れて、このままだと壁に激突して死ぬしかない時点みたいなものだ。破滅に向かってはいるが、まだ滅んでいない。しかしもう止めることはできない。

ここで「ティッピング・ポイント」という言葉を覚えてほしい。それまで小さく変化していたある物事が、突然急激に変化する時点を意味する言葉で、「臨界点」や「閾値(いきち)」と言い換えられることもある。ものごとが爆発的に流行して社会に広まる際に、その起点となった時点を指して用いられることが多い。

また、「ティッピング・ポイント」の語は地球温暖化問題でも、温室効果ガスの量がある一定の「閾値」を超えると爆発的に温暖化が進み、手遅れの事態に陥ってしまうと危惧する時などに使われることが多い。

前回の本が出てから10年経った頃、「10年過ぎましたね、どうですか」という連絡を受けた。本気か皮肉のつもりかは知らないけれど、私としては真面目に答えた。

「この10年の間に世界の二酸化炭素排出量の削減もわずかながらされましたし、パリ議定書のような進展もありました。試合終了までのロスタイムは少し伸びたかもしれません。どちらにしてもあきらめるという選択肢はありませんから、あがくだけなのですが……」と。

特に気の毒なのは、温暖化対策の決定に関わることができないのに、未来を閉ざされてしまう若者たちやこれから生まれてくる人たちだ。その理不尽さに抗議したのが、グレタ・トゥーンベリさんだった。

2017年8月、15歳の時に、彼女はスウェーデン語で「気候のための学校ストライキ」という看板を掲げて、より強力な気候変動対策を行うようスウェーデン議会の前で呼びかけた。この呼びかけに賛同した世界中の人たちが「未来のための金曜日（Fridays for Future）」という名前の、気候変動対策を求める国際運動を広げていった。トゥーンベリさんが2018年12月に気候変動枠組条約締約国会議（COP24）で演説して以降は、毎週世界のどこかで学生ストライキが行われるようになった。若者たちは、二酸化炭素の排出にはほとんど関係していないのに、被害だけは受けるのだ。

彼らのように、生まれてくるのが遅かったために意見すら言えず被害を受ける将来世代は、まるでこれから事故を起こす自動車に同乗してしまったような被害者だ。無責任に大量の二酸化炭素を排出し、今の社会を作ってきた人たちのせいで未来の可能性が閉ざされてしまう。未来が閉ざされるのはおそらく数百年先だが、その未来が決められてしまうティッピング・ポイントはおそらく数年先だろう。「あと4年しかない」という意見も多い。

私自身も知らせる努力はしているつもりだが、結局何も意見が反映されなかった者の一人だ。悲惨な未来の現実は、時が進むにつれて加速度がつき、どんどん目に見えるものになっていくだろう。

これは、これまで真剣に考えてくれなかった不誠実な人たちのせいだ。「絶対に地球温暖化は起こらない」と考えている人もいるだろうが、「万が一自分のほうが違っていたら、もう後戻りできない時が来てしまうかもしれない」とは考えないのだろうか。それは傲慢な独善だと思う。「誠実さ」とは、「自分の考えだけが絶対に正しいとは限らない」ということを知っているということなのだと思う。

この未来世代の人たちの暮らしに対する責任を含めて、「クライメート・ジャスティス（気候正義）」という言葉が生まれている。私たちに必要なのは、破局を回避するための「誠実」な行動だ。これに無関心でいられるのは、将来世代に対しても「不誠実」な態度だと思う。

さて、人類滅亡までのロスタイムが続いている中でも、それでもまだいくつかやれることが残っているのではないか。もちろん二酸化炭素を排出する企業を厳しく規制することは当然だが、まだそれ以外に進められることがある。

一つは、オーソドックスに二酸化炭素排出量を減らそうとするもので「電力送電網（グリッド）からの独立」という、電力需給のシステムを根本から改革するものだ。もう一つは、「炭素を森林・土壌に貯め込んでいく」という方法だ。

この二つの提案で、大気中の二酸化炭素をかなり削減することができるはずだ。他の温室効果ガスが大幅に増えることさえなければ、重大な温暖化の被害は避けられるかもしれない。

前著『地球温暖化／人類滅亡のシナリオは回避できるか』では、解決策を明瞭に打ち出すことができなかった。その悔しさを、この本で晴らしたいと思う。もし多くの人たちが本当にやる気になれば、絶対に地球温暖化問題は解決可能なのだと私は確信している。

田中 優

目次

第一章　人類は滅亡に向かって着実に進んでいる

◆20世紀の約2・5倍のスピードで海面上昇が進んでいる

本書を書くに当たって、まずぼくは地球温暖化の最新の状況を確認してみました。「気候変動に関する政府間パネル（IPCC：Intergovernmental Panel on Climate Change）」の最新データ（第6次評価報告書）で、2021年3月に出された「海洋・雪氷圏特別報告書」というレポートを見てみたんです。

このIPCCというのは、1988年に世界気象機関（WMO）と国連環境計画（UNEP）によって設立された組織で、世界各国の科学者が参加し、地球温暖化に関する科学的・技術的・社会経済的な評価を行う機関です。そこの最新の報告書には、「セクションA：観測された変化および影響」と「セクションB：予測される変化およびリスク」が書かれていて、それらが起こる確実性もまたパーセンテージで記されていました。

Virtually certain（ほぼ確実）　99～100%の確率
Extremely likely（可能性が極めて高い）　95～100%の確率
Very likely（可能性が非常に高い）　90～100%の確率

となっています。言いっ放しではなく、起こる確率も確認されているんですね。まずは

「セクションA：観測された変化及び影響」の中から、確率90％以上のものを見てみましょう。

「雪氷圏が広範に縮退し、氷床および氷河の質量が減少。積雪の深さ・面積および期間の減少、並びに北極域の海氷の面積および厚さの減少、永久凍土の温度上昇がみられる」

１９０２〜２０１０年の間に、世界平均海面水位（ＧＭＳＬ）は０・16ｍ上昇しました。1年ごとの上昇率で見ると２００６〜２０１５年は平均３・６㎜／年で、これは前世紀には例がありません。１９０１〜１９９０年は１・４㎜／年上昇していましたが、その約２・５倍の速度で水位が上昇しているんです。

それには、氷床と氷河の融解が大きく寄与しています。これが「複数の気候に起因するストレス要因が、極域の海洋生態系に連鎖的影響を与えるだけでなく漁業にも影響し、潜在的な最大漁穫量の全体的な低下に寄与する」と書かれています。すでに「人間活動、海面上昇、温暖化、極端な気候イベントの複合影響により、沿岸湿地のほぼ50％が過去１００年間のうちに失われた」という衝撃的なデータもありました。

海面上昇については、ＲＣＰ（代表濃度経路）８・５シナリオ（いちばん温度上昇が高いケース）における２１００年予測が、第5次評価報告書（ＡＲ5）よりも10㎝上方修正されました。それによると「数百年単位では海面が数m上昇」し、今世紀末までに「潜在的最大漁獲量の減少」があると予測されているんです。

さらには「海洋の温度上昇、酸素の減少、海洋酸性化および海面から深海への有機炭素の減少により石灰化が阻害される。暖水性サンゴはすでに高いリスクに曝されており、1・5℃の上昇でも非常に高いリスクに移行する」「2100年までに世界の沿岸湿地の20～90％が消失すると予測される」との予測もあります。

今回の「海洋・雪氷圏特別報告書」は、絶望的な未来の始まりを示しています。そこまでわかっていながら、なぜ防ごうとしないのか。まるでスローモーションフィルムのように、人類が絶滅していく様が見えるようです。何という無責任、現実感のなさなのでしょうか。

◆シベリアの凍土が解け、メタンガスが大気中に噴出

こうしたデータを見ても、地球が温暖化しているということはもう誰の目にも疑いのない事実でしょう。2020年は、観測史上最高の平均気温（2016年にも記録）だったことが判明しました。産業革命前と比べると1・25℃上昇していることが明らかになり、

地球温暖化による被害もさらに顕著になってきています。国連のグテーレス事務総長は「今世紀中に3～5℃という、壊滅的な気温上昇に向かっている」と対策を呼びかけました。

さらに海水の温度も高温化して、台風が年を追うごとに強烈なものに発達しやすくなってきています。２０２０年9月に九州地方を襲った台風10号は「かつてないほどの」という形容詞が多用され、２０２０年8月は猛暑日（気温35℃以上の日）が11日と、過去最多を記録しました。

特に心配なのは、森林伐採の影響で太陽の熱が直接地表に届くようになり、シベリアの凍土がどんどん解けて、その下に眠っているメタンガス（「メタンハイドレート」を含む）が噴出しつつあるということです。この地域の凍土は「永久凍土」と呼ばれる土です。凍土が解けると、森の中に小さな池ができることになります。その池はさらに太陽熱を受け取りやすくなって、周囲の森をなぎ倒しながら広がっていき、一定の湖ほどの大きさになってやっと止まります。

そして、この池の底からプクプクとメタンガスが湧いてきているのです。このメタンガスは、地球温暖化を二酸化炭素の約21倍も強力に進めてしまいます。その温暖化によってツンドラの凍土がさらに解けて池ができて、またメタンが発生して温暖化が進む。これが「温暖化のフィードバック」と呼ばれる現象です。つまり、いま始まったことがもっともっと悪いものを連れて帰ってくるという悪循環です。だから、このフィードバックに入ってしまったら、もう人間が何をしても止まりません。そこで慌てて伐採をやめたり植林をしたりしたところで、もう手遅れなのです。人類は、滅びるのを待つだけになってしまいます。

シベリアとメタンハイドレート溶融、そして温暖化と揃えば、約2億5000万年前に起こった「ペルム紀末の大量絶滅」を思い起こさせます。人類は約200万年前の登場ですから、それよりはるか前のできごとです。この時、地球上の生物の95%が絶滅したと言われています。そのきっかけは、大地のマントル対流の地上への吹き出しだったんですね。その熱の一部が、地中に溜まっていたメタンハイドレートを溶かしました。さらにその温度上昇によって、海の大陸棚に堆積していたメタンハイドレートが大気中に噴出したと言われています。

これによって、大気中の酸素濃度は約10%にまで一気に減少しました。そのため、低酸素の状況でも生きられるように呼吸の仕組みを進化させた生物だけが生き延びました。このことについてはＮＨＫの『地球大進化』という番組が詳しく取り上げています。

地球の温度変化の要因は、外的な要因としては惑星の衝突、宇宙空間からの放射線や宇宙線の到来など。地球内部からの要因としては、マントルの「スーパープルーム（大規模な対流運動）」による熱の噴出などがあげられます。地球の気温への影響が大きいのは、太陽から地球に届く紫外線の熱に対する反射率（アルベド）と、赤外線の熱が地球から宇宙に放出されるのを妨げる二酸化炭素やメタンなどによる「温室効果」です。これらの気体がまさにビニールハウスのように地球を覆って、熱の放出を妨げてしまいます（第二章参照）。

ぼくたちは今、この歴史的事実に新たな事実を加えようとしています。人類は大量の温室効果ガスを大気中に排出し、温暖化を〝人為的に〟進めてしまっています。二酸化炭素排出による地球温暖化は着実に起きていて、今も人類は滅亡に向かって進んでいるのです。

◆南極と北極の氷の面積が急激に減っている

次に、地球温暖化の状況がどうなっているのかがわかりやすい事例を紹介しましょう。

アメリカのカリフォルニア大学バークレー校の大学院生が、２０１６年に南極と北極と、

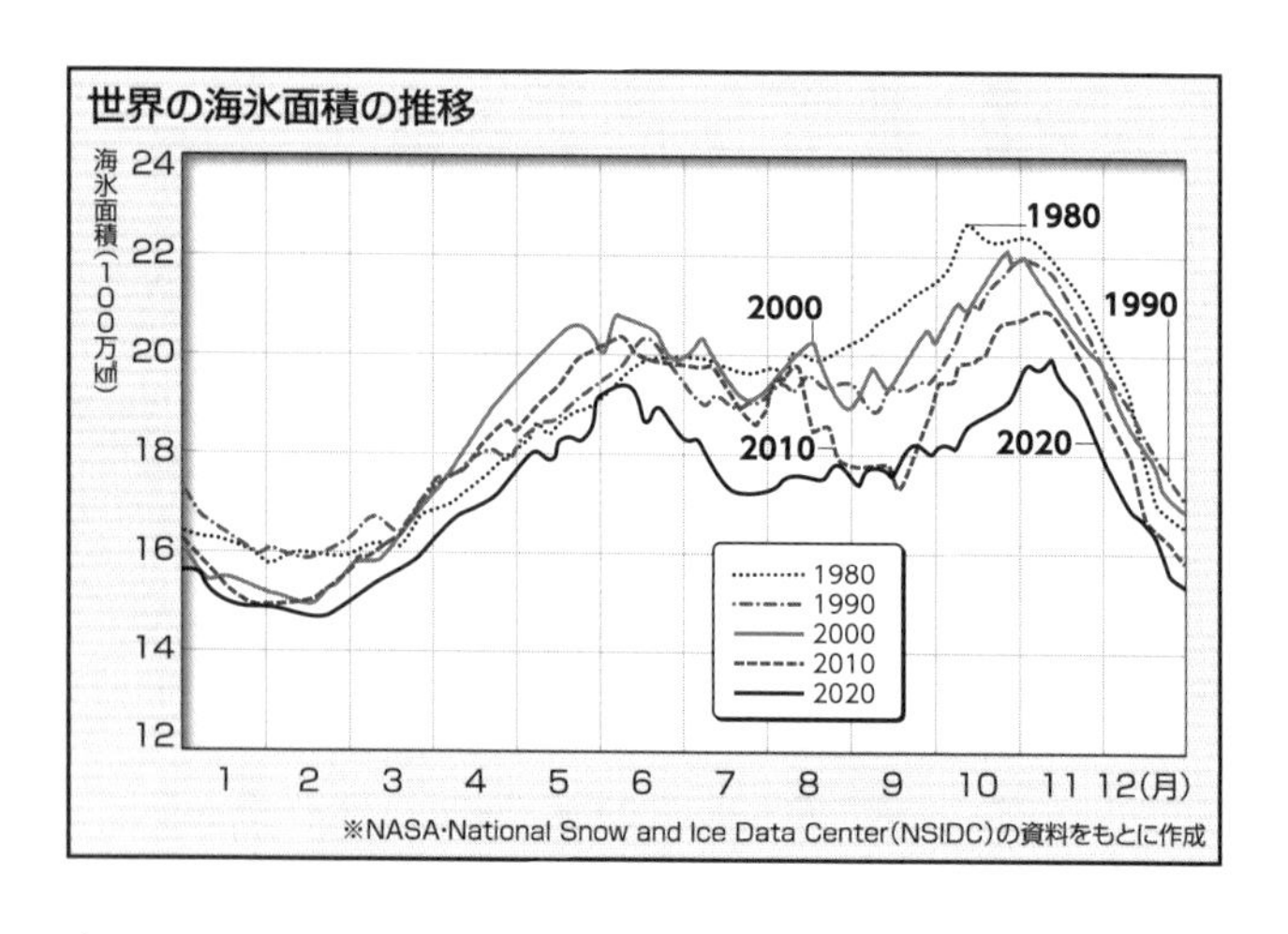

両方にある海氷の面積を合計したグラフを出してきたんです。

これまで、専門家はこういうグラフは作りませんでした。なぜ作らなかったかというと、北極と南極ではまったく状況が違うからです。例えば、南極の氷は大陸の上に乗っかっています。それに対して、北極の氷は全部海に浮かんでいます。その違いがあるので、普通は南極と北極を合計してグラフを描くなんてことはしないんですね。その大学院生がそれをやってみたところ、驚くようなデータが出てきました。世界の海氷面積が、急激に減っていることがハッキリとわかった。つまり「地球温暖化が、いよいよ〝破局〟に向けてアクセルを踏み始めた」という状況になってきたんです。まさかこんなに少なくなるとは、誰も予想していなかったんですね。

地球温暖化の影響は、まず極地の温度上昇として表れるんです。南極は昔、「大陸なのか？　それとも北極のように氷が浮かんでいるだけなのか？」と大論争が行われていました。探検家たちが行って確かめようとして、そこで命を落とすということが何度もあったんですね。でも今、探検家が行ったら一目でわかります。南極の氷が溶けてしまって、下から岩が見えているからです。以前、ぼくも南極に行ったことがありますが、実際にえらい勢いで解けているのがわかりました。

例えば、南極なのに真緑色の島があるんですよね。氷がなくなって、岩の部分にコケが生えているんです。南極というのは本当に聖なる地域で、かつては白と黒だけの世界だったのに、そこに真緑色が出てくるのはかなり驚きます。そして、人間も非常に行きやすくなりました。以前は流氷が多すぎて船が入れなかったんですが、最近は入っていけるようになりました。

北極はどうかというと、こちらはもっとすごい勢いで氷が解けています。今や、北極を通る船のルートができたほどです。以前はびっしりと流氷で覆われていたのですが、今は凍らない海域ができてしまったので、そこを通る船のルートができています。

グリーンランドの湖はそのまま氷河に続いている。すれ違う小さな流氷が、湖面を進んでいくと次第に大きな流氷になっていく。氷河が溶けていく音が聞こえてくるようだった

そして、北極の近くにあるグリーンランドでは、何と石油が掘れるようになりました。「グリーンランド」という島の名前は、原野商法（価値のない土地を騙して売りつける悪徳商法）をやった詐欺師がつけたんです。「緑の島だ」と言って騙して売ったんですね。本当は緑なんてなかったんですよ。ところが今や緑が増えて、畑まであるんですよ。ウソの名前だったのに、本当にグリーンの島になっちゃったという状態なんですね。

そのグリーンランドにぼくは２００８年に行きましたが、かつて氷河でびっしり覆われていた場所が岩になっていました。グリーンランドの氷は、北極のよう

に水の上に浮いているんじゃなくて、陸の上に乗っかっているんです。海の上の氷が解けても、海水面は上がりません。コップの中の氷が解けても水位が変わらないのと一緒です。一方、陸の上の氷が解けて海に流れ込むと、海水面は上がるんですね。

グリーンランドのこの氷、今もすごい勢いで解けています。では、これが解け切ったとすると、どれだけ水面が上がるのでしょうか。約７ｍ上がります。そうすると、東京の都心部はほとんど水没してしまうという状況になります。これはグリーンランドや北極・南極の氷だけの話ではありません。アラスカでもパタゴニアでも、ヒマラヤでもアルプスでもキリマンジャロでも同様で、世界中の氷がどんどん解け出しているのです。

日本人はまだ「東京が水没する」なんてことは想像もできないとは思います。でも着実に温暖化の危機が忍び寄っているということが、先ほどあげた氷の面積の末期的な数値に見ることができるんですね。

◆異常な「寒冷化」が起きたのは、極地が暖かくなったから

ところがぼくたちの体感から言うと、冬はとても寒い感じがします。北陸地方では毎年のように豪雪被害が起きています。世界的にもそんな感じがします。ニューヨークでは２

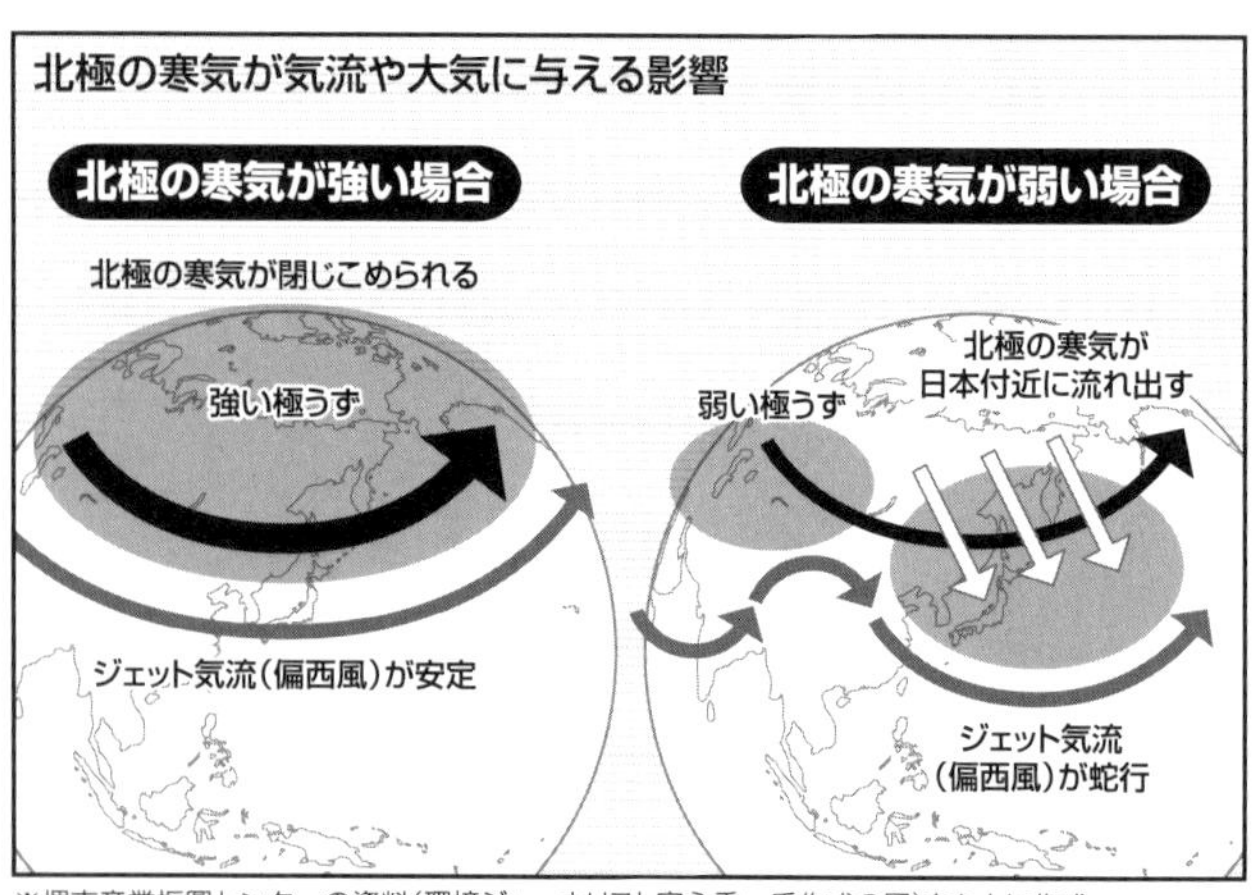

※堺市産業振興センターの資料（環境ジャーナリスト富永秀一氏作成の図）をもとに作成

014年、海が凍りました。そしてアメリカ東部がものすごい勢いの吹雪で覆われ、雪に覆われて氷漬けのような状況になったんです。

だから温暖化を否定する人たちの中には、「温暖化しているところも、寒冷化しているところもある」なんてことを言う人もいます。そしてぼくたちも実感的に「そういえば、最近の冬はものすごく寒いよな」と納得してしまいがちです。

寒冷化がなぜ起こるかというと、実は気流の流れというのは二通りありまして、例えば日本には「偏西風」という西からの風が1年中吹いていています。この偏西風ともうひとつ、「極うず」と呼ばれる、北極圏の上空を循環する冷たい空気の塊があるんです。極うずは、本来は極地のところを回るはずだったんです。ところが今、北極とそれ以外の境目がはっきりしなくなっています。

それは、温暖化が進んで北極が暖かくなってきたせいです。すると、シベリア寒気団のようにマイナス40～60℃といった寒気が南下してきてしまう。日本でも冬季は毎年のように北陸・東北地方などの日本海側を中心に大雪が発生しています。２０２０年12月～２０２１年２月にかけても各地で記録的な降雪があり、多くの家屋が倒壊。交通・電力などのインフラが麻痺、自動車は路上で立ち往生し、事故などで多数の死傷者が出ました。新潟県高田市では２０２１年１月11日に２・49ｍの積雪と、36年ぶりの大雪を記録しました。

これらの現象については、ドイツのベルリン近郊にある「ポツダム気候変動研究所」のディム・カウマウ氏が調査して、こう発表しています。

「極うずを生じさせているのは、北極圏と中緯度地域の温度差だ。以前はこの差が明確だった。しかし北極の気温は近年、世界平均の倍の上昇を示し、中緯度の温度差が不鮮明になっている。こうした寒波は欧州だけではなく、米国でも近年の冬によくみられる。ジェット気流の強力な蛇行がなぜ起きるのかについてはまだ完全に解明されていないが、北極が非常に急速に温暖化していることは明白で、きちんとしたデータがある。北極では地球の他の地域よりもずっと気温が上昇している」

日本でも最近、この影響で寒気団が下りてきた所には恐ろしい寒さが来ています。これは温暖化の影響なんです。「温暖化」と言っていますが、これは地球の平均気温が上がっているという意味で、正しく言えば「気候変動」。つまり、気候がものすごいスピードで変化してしまっているということなんです。

ぼくがいま住んでいるのは岡山県ですが、地表面でマイナス7℃くらいまで下がるんですよ。瀬戸内の温暖な場所だと思っていたんですが、時々ものすごい寒さが訪れることがあります。その一因には、温暖化の影響でこれまでは南下してこなかった寒気がやってくるということがあるんですね。

◆二酸化炭素を吸収していた森林や海が、排出する側に

現在、森林は二酸化炭素を吸収してくれています。ところが、これがどんどん「二酸化炭素を排出する側」へと変わってきているのです。なぜでしょうか。それは、温暖化のスピードに木の成長が追いつけないということが大きな理由です。

気温がどんどん上がっているので、寒帯の地域が亜寒帯に、温帯は亜熱帯地域に……と

極地に向かって移動していくことになるわけです。これによって、いろいろな農産物も生産地域が変わっていくと予測されているのです。つまり、今そこに生えている木は、ずっとそこに生えていることができなくなる。「ここはもうブナはだめだ。ナラの木を植えよう」といった話になります。ところが植えたとしても、だいたい成長するまでに50年かかります。育つうちに気候に合わなくなって、やがて立ち枯れるという結果になります。

というわけで、二酸化炭素を吸ってくれるはずだった木が次々と枯れ始める。それどころか、立ち枯れた木々が微生物に分解されて、逆に二酸化炭素を出すことになります。その結果、地球温暖化がさらに進む。温暖化が進めば、森林の生息地域をさらに南北へと移動させることになります。これもまたフィードバック現象ですね。

海もこれまで、二酸化炭素をどんどん吸い込んでくれていました。二酸化炭素は「アルカリ性、酸性」で言うと酸性です。水に二酸化炭素を溶かすとサイダー、炭酸水ができるように、二酸化炭素が溶け込むにつれて海水が酸性に傾きます。その炭酸水にサンゴを入れたらどうなるでしょう。サンゴが溶けだすのです。

実験結果では、大気中の二酸化炭素が６００ｐｐｍを超えると酸性化した海水にサンゴ礁などが溶けだすとされています。産業革命前には２８０ｐｐｍだった二酸化炭素は２０

16年に400ppmを超えました。そして今世紀半ばには600ppmに届くだろうと予測されています。この時点で海のサンゴ礁が溶けだすだろうというのです。

すると、サンゴの中に炭酸カルシウムという形で閉じ込められていた二酸化炭素が海中に溶け出し、海は二酸化炭素をもう吸収しきれなくなります。それどころか、海は逆に二酸化炭素を排出する側になってしまいます。そうすると、これもフィードバックを起こし、温暖化は止めどがなくなります。

◆山火事続発、熱波、豪雨……異常気象のレベルが上がっている

最近、世界中の森林地帯で大規模な山火事が頻発しています。あれも実は地球温暖化と関係があるんです。なぜそんなに簡単に山火事が起こってしまうのかというと、森の中が枯れ木ばかりの状態なんですね。つまり、燃えやすい薪を積んでいるような状態です。そうすると少しの火でも、あっという間に燃え広がってしまいます。

では、なぜ枯れ木ばかりになったのかというと、「キクイムシ」などの虫が大発生して木を食べてしまい、みんな枯れてしまったためです。そのキクイムシの大発生は、地球温暖化と密接な関係があるんです。

キクイムシの卵というのは、マイナス20℃を下回ると破裂して死ぬんだそうです。ところが最近、暖冬のためマイナス20℃を下回らない。そのために、すべての卵が生き残って孵化し、増えすぎてしまったんですね。

キクイムシだけじゃありません。人為的なものもありますが、温暖化によって各地で頻発している旱魃、異常乾燥、高気温なども森林が枯れる原因ではないかと言われています。

熱波の度合いはレベルが上がっていて、２０２０年の夏にはアメリカのロサンゼルスで気温49・４℃を記録、カリフォルニア州デスバレーでは54・４℃を記録。そのちょっと前の6月には、シベリア北部のベルホヤンスクという町で北極圏での史上最高気温38℃を記録していました。また２０２１年6月29日にはカナダ西部のリットンで49・６℃、カナダの最高気温記録を更新しています。日本でも、２０２０年8月は観測史上最多となる11日の猛暑日に見舞われ、浜松市では国内最高気温の41・１℃を記録しました。熱中症で搬送される人も年間１０００人を超え、その数は増え続けています。

また、豪雨災害も頻発しています。２０２０年6月から中国の長江流域で豪雨による大規模な洪水被害などで７０４７万人が被災しました。バングラデシュではモンスーンの影響で国土の３分の1が浸水してしまいました。日本では、球磨川が大氾濫した２０２０年

7月の熊本豪雨が記憶に新しいですね。「数十年に一度」と言われる規模の巨大台風も、毎年のように発生するようになりました。

このように、近年になって明らかに「異常気象」の「異常」レベルと頻度がどんどん上がっているんですね。

◆温暖化対策に後ろ向きなトランプ政権が人類滅亡の危機を加速させた

2015年12月、第21回気候変動枠組条約締約国会議（COP21）で「パリ協定」が成立しました。このような地球温暖化防止の枠組みは、1997年に第3回気候変動枠組条約締約国会議（COP3）で採択された「京都議定書」以来のものです。フランスの政治力のおかげで、18年ぶりにやっとできたんです。ここで、今世紀末までの気温上昇を2℃未満（できれば1・5℃）に抑えるという目標が掲げられました。

ただし、これはたいへんな目標です。IPCC（国連気候変動に関する政府間パネル）の報告によると、2℃未満に抑えるためには2070年頃には世界全体の二酸化炭素の排出量をゼロにしないとならないそうです。

実は、フランスはこの協定を作るにあたって〝二重底〟にしました。法律的な拘束力を持つのは「合意」で、法的な拘束力のないのが「決定」です。「合意」と「決定」、その二つが混ぜてあるんです。協定では5年ごとに各国が約束した草案を提出・改訂することになっていますが、会議前の目標提出・事前のレビュー、つまり「日本はこれだけのことをやるよ」という宣言をするのは「合意」なので義務です。ところが達成したかどうか、つまり「日本ってちゃんと守ったの？」ということを確認するのは、何と拘束力のない「決定」になっています。

そして、地球温暖化が進んだのは大量に化石燃料を使用する先進国のせいで、「その先進国が、途上国にちゃんと責任をもって補償すべき」だとなっていたのに、アメリカが特に強くこれに反対しました。「これは今後議論すらしない、賠償もしない」ということに「合意」してしまったんです。「合意」しちゃったということは、法的拘束力がある。というわけで、途上国は温暖化防止のためのお金を支援してもらうことができなくなってしまいました。

そしてパリ協定の最大の問題は、これが発効されるにあたっての条件でした。「世界の排出量の55％以上をカバーすると同時に、55か国以上が批准すること」という条件があったんです。ということは、二酸化炭素排出大国であるアメリカ、中国、ロシアが批准しなければ発効しないということです。

最終的には3国とも批准して、188か国が参加して発効しました。でも、アメリカのトランプ前大統領はこの協定にずっと批判的でした。そして「アメリカの産業と雇用にとって不利益をもたらす」と言って2020年11月に離脱しました。その直後に政権交代があり、バイデン大統領になって2021年2月に復帰しましたが。

この「米中ロ3か国に運命を任せる」という方法を強引に主張したのは、実は日本なんですね。そしてトランプ政権のもとで、アメリカの温暖化対策は後退しました。バイデン大統領に代わってアメリカの温暖化対策は再び進もうとしていますが、トランプ政権の4年間は人類滅亡の危機をかなり加速させてしまったのです。

◆日本政府は「温暖化対策をしないことにしました！」と宣言したに等しい

では、日本はどうでしょうか。2020年7月2日に、日本政府が「140基ある石炭火力発電所のうち、100基を休止・廃止する」と発表しました。しかし実際に休止・廃止されるのは2030年であるうえ、小さくて古い「非効率石炭火力」（発電効率38％以下）の発電所ばかりです。

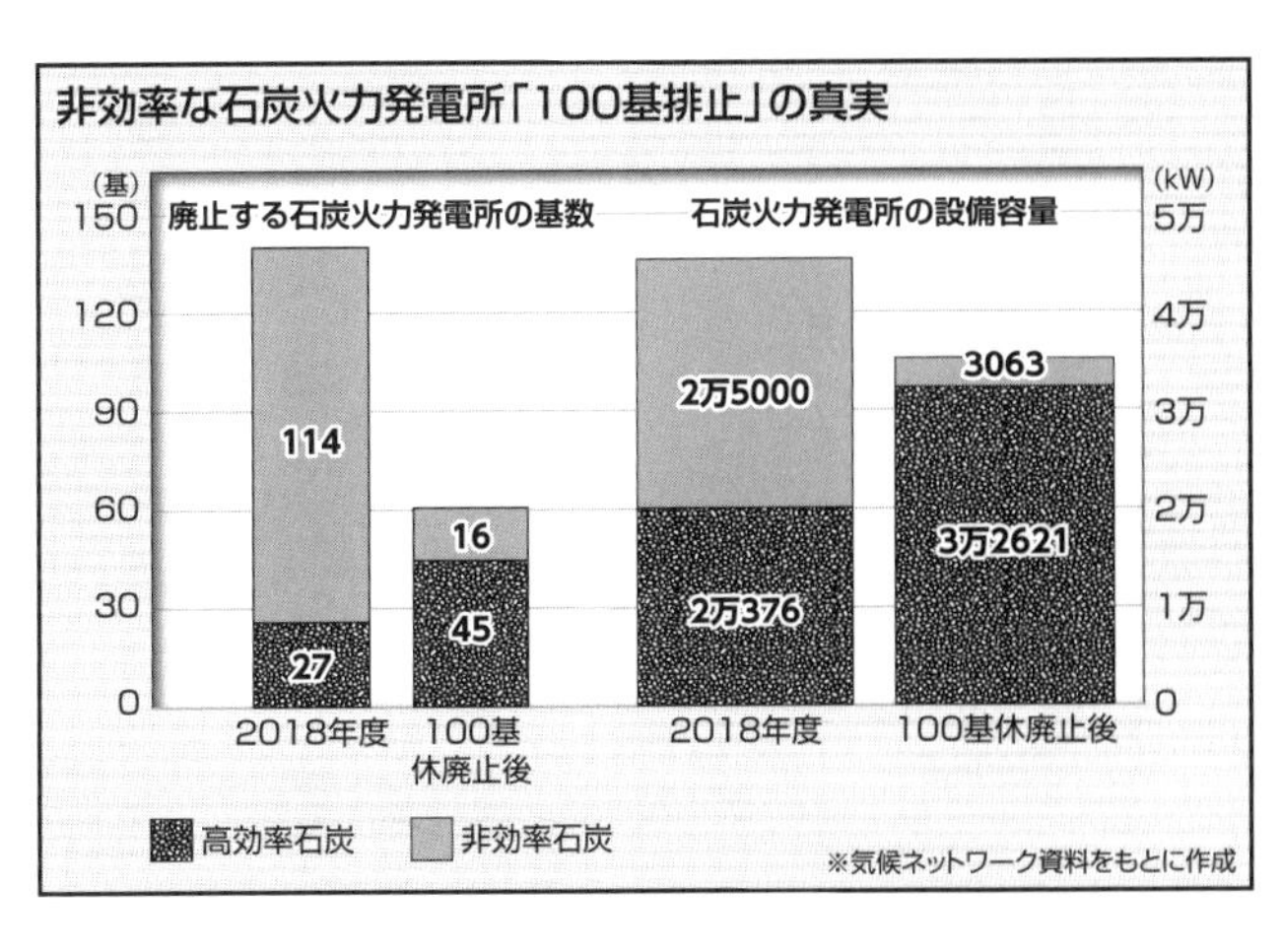

その一方で、非効率石炭火力の1割と、高効率石炭火力26基（2018年度時点）の運転を継続するというのです。さらに140基に含まれない2019年度の新規運転分と新規建設されている石炭火力発電所（16基）を含めると、2030年以降も3000万kW以上の運転を容認し続けることになる、というものでした。

パリ協定で取り決めたのは、「2050年までに80％の温室効果ガスの排出削減」です。日本はこれでどう間に合わせようというのでしょうか。

しかも、政府が「石炭火力発電所の休止・廃止」を発表した直前の2020年6月30日には、Jパワー（電源開発）の竹原火力発電所新1号機（広島県、石炭・超々臨界圧60万kW）が、同年7月1日には鹿島パワー（Jパワーと日本製鉄との折半出資会社）の鹿島火力発電所2号機（茨城県、石炭・超々臨界圧64・5万kW）が、それぞれ営業運転を開始した直後だったんですよ。

本来なら二酸化炭素排出量の最も多い石炭火力発電所はすべて廃止しなければならないはずです。それなのに日本政府の発表は、「石炭火力発電を今後も使い続けます！」という決意を示すものでした。「100基の休止・廃止」というと、ものすごく大幅に削るようにも聞こえますが、設備容量では石炭火力発電所のわずか10％ほどしか減らないんです。

高効率な石炭火力発電所に置き換わるだけで、仮に効率が平均5～10％良くなったとしても、その二酸化炭素排出削減効果は、従来の石炭火力発電の排出の5％程度しか減らせません。発電所全体の排出量からみると、1％の影響も出ないでしょう。石炭を止めて天然ガス火力発電所に変更するなどしないと、大胆な削減などできっこありません。

これではパリ協定の約束を守ることなどできません。発電所は通常30～40年の耐用年数を想定して建てられるのですから、約束を守るためには2050年の30～40年前に予定しておかなければならない。つまり2010～2020年のうちには石炭火力から別の発電方法に切り替えられていなきゃならない。それを2020年になって「2030年からやる」なんていうのは、「日本は温暖化対策をしないことにしました！」と言っているに等しいのです。

これは世界的な約束に対する裏切りです。あたかも対策しているかのように見せながら、こんな政策を平然と実行するのは、堕落しきった政府の証明でしょう。この政府の態度は、すぐに温暖化対策をしたくない電力会社や自動車メーカー、経済界の人たちにとっては有難いことかもしれません。残念ながら、温暖化の被害がそれを待ってくれることは微塵もあり得ませんが……。

人為的な二酸化炭素の排出は大きな原因ですが、解決策として考えてみると「排出を抑える」ことだけがすべてではありません。これまでの地球の生命体の歴史が示しているように、この世には何一つムダなもの・不要なものは存在しなかったんです。それらを大切にできるような「環境保護活動」こそが、温暖化も防いでくれるんじゃないかとぼくはいま考えています。

セクショナリズムを離れて、もっと大きな視野から活動をしてみましょう。

第二章　なぜ温暖化は止まらないのか

◆地球温暖化のメカニズム

地球温暖化を起こしている大きな原因は、「温室効果ガス」の排出です。二酸化炭素（CO_2）のほか、一酸化二窒素（N_2O）と水蒸気（H_2O）などもその仲間で、元素が3つ並んだものです。メタンガス（CH_4）は元素が3つではないですが、炭素を中心に4つ角に水素がついたものと考えると、横から見ると元素が3つ並ぶ形になりますね。フロンガスも複雑な形をしていますが、それもいろんな角度から見ると、やっぱり元素3つに見える形になっています。これらの「温室効果ガス」のうち、90％以上の比率を占めているのが二酸化炭素です。

まず、二酸化炭素がなぜ温暖化を起こすのかを説明します。地球はもともと、マイナス18℃の惑星だったんです。その状態ではすべて氷に閉ざされていますから、生物が繁殖するということはできませんでした。

ところが地球には、二酸化炭素というものがありました。太陽の光、「紫外線」という電磁波が地球を暖め続けていますが、その熱が100入ってきて100出ていかなかったら、今ごろ地球は灼熱の惑星になっているはずですね。もし1％がずっと残ってしまった

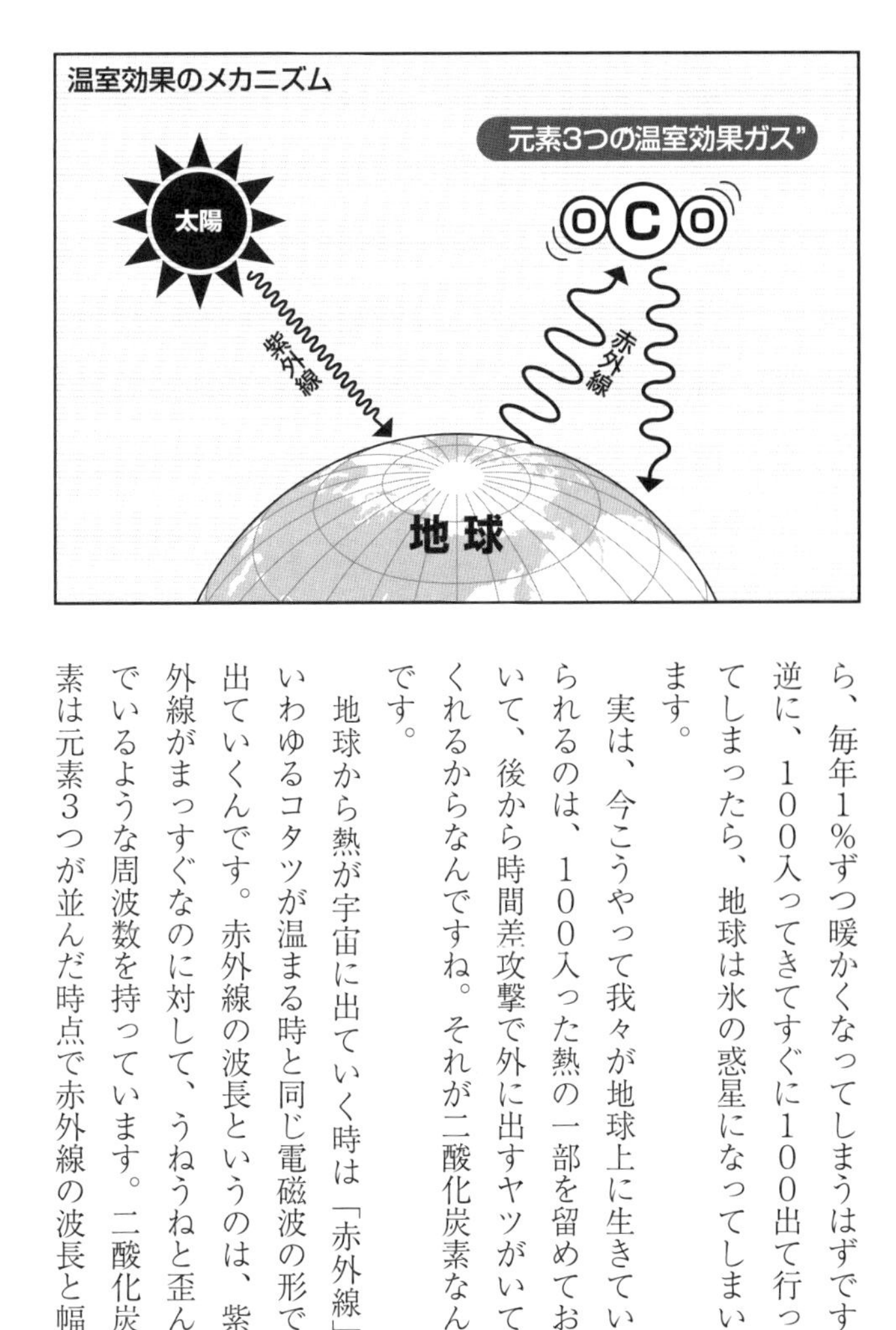

ら、毎年1％ずつ暖かくなってしまうはずです。逆に、100入ってきてすぐに100出て行ってしまったら、地球は氷の惑星になってしまいます。

実は、今こうやって我々が地球上に生きていられるのは、100入った熱の一部を留めておいて、後から時間差攻撃で外に出すヤツがいてくれるからなんですね。それが二酸化炭素なんです。

地球から熱が宇宙に出ていく時は「赤外線」、いわゆるコタツが温まる時と同じ電磁波の形で出ていくんです。赤外線の波長というのは、紫外線がまっすぐなのに対して、うねうねと歪んでいるような周波数を持っています。二酸化炭素は元素3つが並んだ時点で赤外線の波長と幅が一致するので、地球の外に出ていこうとする赤外線をブルブルブルと震える振動に変えて地球に戻しちゃうんです。最終的には100入ってきて100出ていくから一定の温度にはなるんですが、これを少し遅らせてから出していくんです。そのおかげで、地球は平均気温マイナス18℃の惑星からプラス15℃の惑星になったんですね。

つまり、二酸化炭素がなければそもそも地球に生物は存在しなかったんです。でも、二酸化炭素があり過ぎると、今度は逆の困った事態が起きてしまいます。大気中の二酸化炭素の量が増えると、入ってきた熱がなかなか出て行かずに気温が上がりすぎてしまうからです。

化石燃料を使う前の大気中の二酸化炭素濃度は280ppmでした。それが現在は400ppmを超えています。1ppmは0・0001%という微量ですが、たったこれだけ増えただけで赤外線が多く捕まり、地球が温暖化してきてしまったのです。

◆戦争が温暖化を加速させている

じゃあ、その二酸化炭素を増やしている原因は何なのでしょうか。その中心は化石燃料の使用です。過去の生物などが化石状になったものですね。それが石油、天然ガス、石炭な

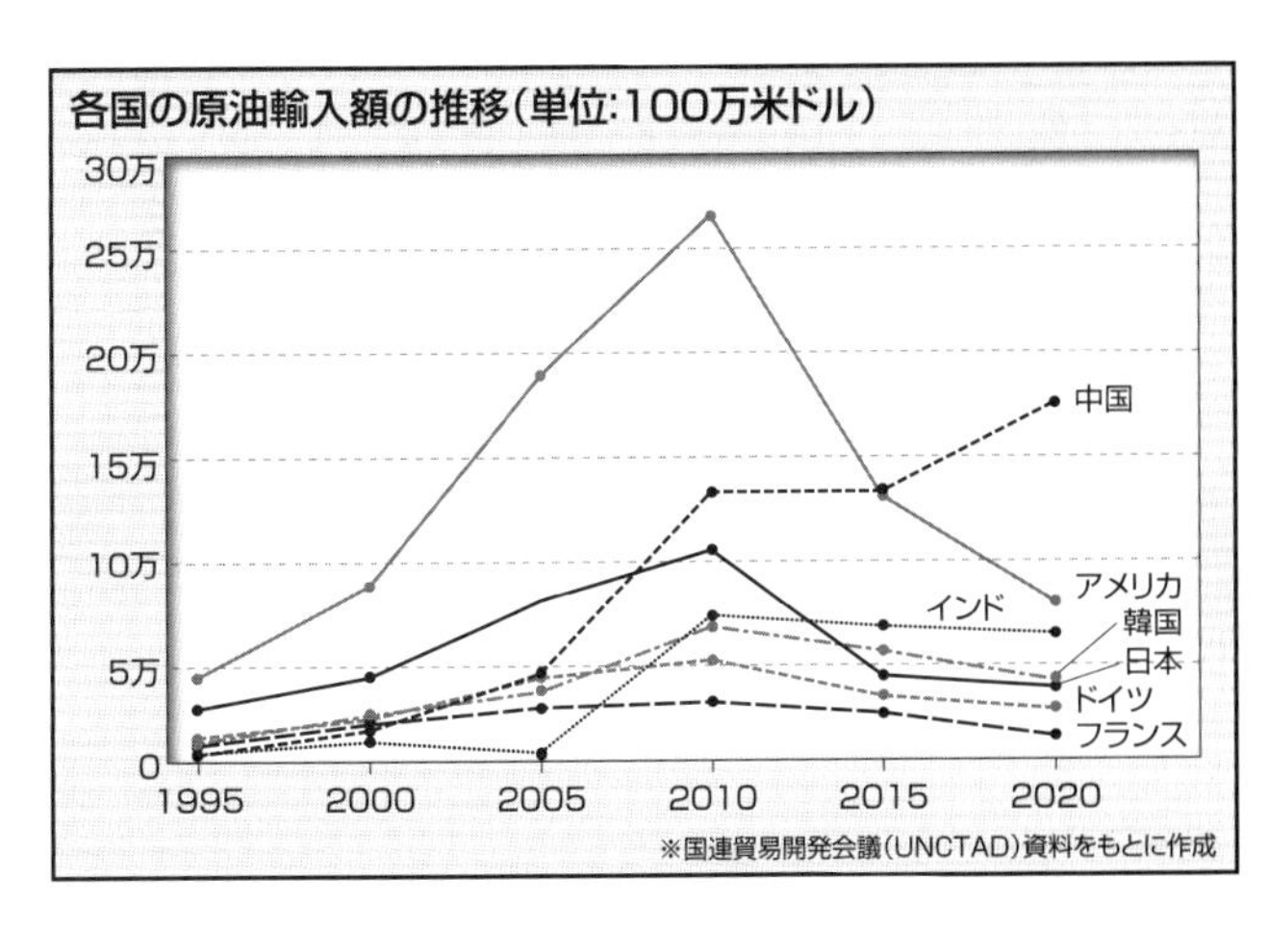

どです。特に二酸化炭素の排出量が多いのは石炭で、その次が石油、そして天然ガスが石炭の半分くらい。こんな順序になっています。

その中でも、特に便利に使われているのが石油です。石油の生産量は2008年から下がってきています。ところが、その頃から石油の消費量を思い切り伸ばしているのが中国なんです。

中国はかつて産油国でもあったので、1990年代までは石油をほとんど輸入することはなかったんです。ところが2010年に、世界第2位の輸入量だった日本を抜きました。そして現在は日本の4倍以上となっています。

この石油をはじめ化石燃料の使用を減らして、「二酸化炭素の排出量を減らそう」というのが地球温暖化防止条約の中心なんですが、そこに含まれていない二酸化炭素の排出源があります。困ったことに、この条約には「戦争」が排出する分が入っていないんですね。

現在、世界の中で石油が採れている場所、確認できている場所を見てみると、あることに気づきます。それは「戦争・紛争地帯と一致する」ということです。石油の生産量はもう頭打ちになっている。大きな油田は、ほとんどが1980年以前にはすでに見つかってしまっています。今後は小さな油田しか見つからないでしょう。だから、戦争で奪ってでも欲しいわけですね。

どんなに石油が高くなっても買わざるをえない。ここに〝絶対儲かる〟ポイントがあります。「お金を儲けたかったら石油を握っておく」ということです。石油の儲かるポイントは決まっています。上流から下流まであって、上流が油田、下流がガソリンスタンドです。儲かるのは常に上流のほう。この「油田だけが絶対に儲かる」という流れの中で起きている実態が「戦争」なのです。

例えば、石油確認埋蔵量で世界第1位のベネズエラ。ここはウーゴ・チャベス氏が亡くなる（2013年）まで大統領をやっていました。このチャベスという人は「我が国は石油がものすごく採れるのに貧しい。それはアメリカ企業が石油の利権を全部握っているか

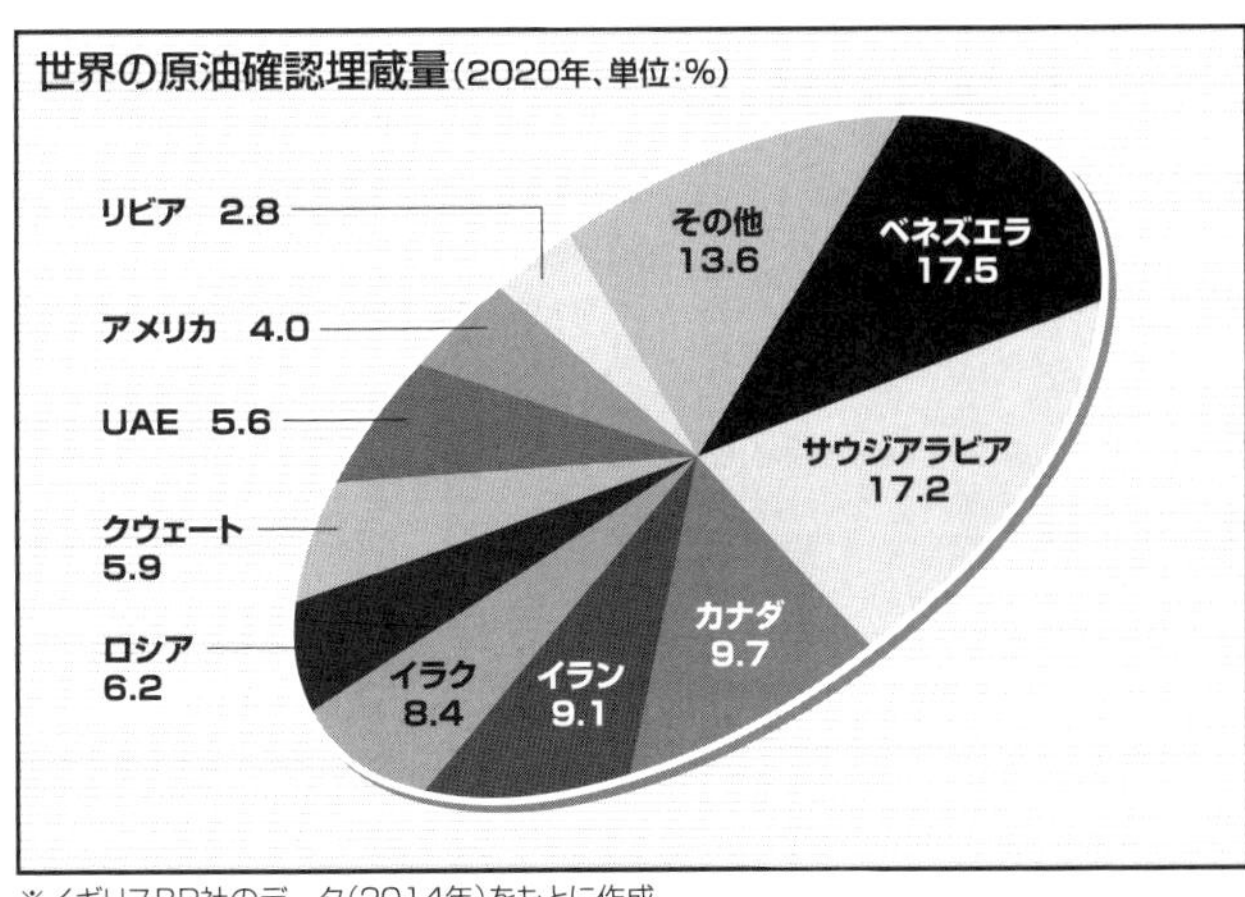

※イギリスBP社のデータ（2014年）をもとに作成

らだ」と考え、石油資源を国有化しました。そして、1日1食だった国民が2食を食べられるようにして、字が書けなかった人たちに教育を施したんですね。

そうしたら、アメリカのCIAがベネズエラ軍部の反チャベス派を支援してクーデターを起こさせました。反チャベス派はチャベス大統領を襲って幽閉し、そのまま殺そうとしました。だけど国民がそのチャベスを救い出したんですね。そして死ぬまで大統領をやりました。なぜチャベス大統領はCIAに狙われていたのでしょうか？　それは石油を国有化したことで、アメリカの石油メジャーを敵に回すことになったからです。

今、アメリカがいちばん嫌っている国と言

ったらイランでしょう。イランとアメリカは、いつ戦争が始まってもおかしくないという状態が続いています。このイランは石油や天然ガス、そして鉱物資源も豊富な国です。

イラクは石油を持っているためにアメリカに狙われ、湾岸戦争、イラク戦争が起きました。イラク戦争では100万人以上のイラク人が殺されました。表向きの開戦理由は「イラクが大量破壊兵器を隠し持っている」というものでしたが、イラク戦争後の2005年にパウエル米国務長官は「イラクに大量破壊兵器はなかった」と認めました。「ウランを輸入して核武装しようとしている」というのも、でっち上げのニセ文書だったことをブッシュ大統領が自らの言葉で認めています。さらに2011年には、情報提供者のイラク人科学者が「大量破壊兵器情報はウソだった」と認めたのです。

だとしたら、米軍はウソを認めた時点で「ごめんなさい」と謝って、イラクから撤退しなければなりません。ところが米軍は謝るどころか占領を続け、日本政府もそれを懸命に支援しました。アメリカがウソをついてまで戦争を正当化してイラクを攻撃したのは、石油を持っているからですね。

2010～2012年、チュニジアから始まった民主化運動がエジプトまで広がり、「アラブの春」と言われました。その中で、1か国だけNATO軍の攻撃を受けた国がありました。それがリビアです。「なんでリビアだけ？」と思いますよね。はい、そうです。リビアは石油を持っていたからです。ＮＡＴＯ軍がリビアに襲いかかって爆撃を行い、カダフィ大佐という指導者を殺しました。何でそこまでする必要があったのかというと、これも石油を持っていたからですね。

◆資源の奪い合いが、戦争・紛争の原因となる

さらに、「イスラム国」（ＩＳ）の問題にも石油がからんでいます。ＩＳはものすごくお金を持っていました。どこで稼いでいたかと言うと、イラク北部の油田を制圧して、密輸していたんです。その油田支配がロシア軍の攻撃によってダメになった。このことに関して内部告発サイト「ウィキリークス」がＣＩＡのデータを入手し、「ＩＳを支えていたのは、実はアメリカ政府だった」ということを伝えました。

ＩＳがイラク北部の石油を奪うために、手を組んでいる国があった。その一つがトルコ、もう一つがイスラエルです。両国と組んで石油の密輸をして、お金を儲けていた。そしてその石油を合法的にロンダリングしてくれていたのがイスラエルだった。

次にＩＳが拠点にしようとしたのがシリアでした。シリアでＩＳは強硬な抵抗に遭って、

シリア人をどんどん殺した。あまりにもひどい状況の中、アメリカは2年間まともにＩＳへの対応をしませんでした。

ところが、ロシアが本気でＩＳを攻撃して2週間で潰してしまいました。「何でロシアが2週間でできることを、アメリカはぐずぐずやっていたの？」と思いますが、実はアメリカには「シリアのアサド政権を倒したい」という欲望があるのだと考えています。

なぜ倒したいのかと言うと、このシリアには「ゴラン高原」という場所があって、ここに莫大な量の石油が見つかっている。そのゴラン高原は、なんとよその国なのにイスラエルが勝手に占領してその油田をアメリカ企業に売っている。

だからアメリカとしては、「シリアのアサドさえいなくなれば、オレたちの好きなようにできるんだから、転覆しなければいけない」という姿勢なんですね。ところが、そこにロシアが入ってきてＩＳを全部やっつけて解放しました。そうするとアメリカとしては実に気分が悪い状況になったというわけです。

こうした石油の問題は、実はブッシュ大統領以前は多くの戦争・紛争地に潜んでいたんです。日本の自衛隊が派遣された南スーダンは、スーダンから独立したばかりの国ですが、この地域も油田地帯です。ところが、石油は莫大にあるのに、それを輸出するためには北側のスーダンを通って紅海を抜けなければ輸出できない。でも、スーダンはアメリカとの関係が良くない。南スーダンを独立させて、ケニアを抜けてインド洋に出るルートをつくれれば、すごく使いやすくなりますね。

スーダンはアメリカによって〝テロ支援国家〟だと認定されていて、憎くてしょうがない相手になっている。そのために、スーダンのものは輸出も輸入も禁止して経済制裁をしていた。そうすると、そこにある石油も取り出せなくなってしまう。石油がほしいアメリカとしては、この油田地帯だけを〝テロ支援国家〟から切り離す必要があって、南スーダンを独立させるという形になったんです。

ところが、そうやってアメリカが南スーダンを独立させるまでの間に横から入ってきて、その油田を持って行ったヤツがいます。中国です。南スーダンの油田には中国資本がボコボコ入ってきている。中国はその石油を、ケニアを抜けることで海賊がうようよいるソマリア沖を通らずに持って行くことができる。

中国はさらにミャンマーから昆明（雲南省）に抜ける石油パイプラインを作って、これが２０１７年に稼働しました。中国がもう一つ石油パイプラインを通そうとしているのがパキスタンです。「新疆ウイグル自治区」という、中国が勝手に支配している地域があります。パキスタンを抜けて、そこまで通じるパイプラインを作っています。

つまり、アフリカから遠い中国の沿岸まで運ぶのではなく、ミャンマーやパキスタンを通して中国内陸部に運び込むということです。中国とすれば、そうすると輸送距離が短くなるうえに海賊地帯も通らずにどんどん輸入できます。現在、アフリカ最大の輸出品が石油です。古いアフリカを知っている人は、コーヒーとかカカオを作っている国だと思うかもしれませんが、今アフリカがいちばん儲けている輸出品は石油なんです。

その膨大なアフリカの石油が、今や中国の利権になっている。これがアメリカにとっては気に入らない。そのために同盟国の日本にも協力させようと、ジブチや南スーダンに自衛隊を出させたというわけですね。

そういうふうに資源の問題と戦争・紛争地域とを重ね合わせてみると、どこもかしこも次の5つの問題が関わっています。

①石油が採れる

②天然ガスが採れる

③石油や天然ガスのパイプラインが通る

④水が豊富にある

⑤鉱物資源が豊富にある

戦争・紛争が起こっている地域はほとんどこのどれかの要素を持っていて、多くの場合は石油資源が関わっています。例えば、内戦のあったウクライナやアフガニスタンもパイプラインが通っている。ユーゴスラビアはもう解体しちゃいましたが、ここも実はパイプラインの通り道なんですよ。そのパイプライン基地の数を巡って紛争が起こっているんですね。

◆戦争に使うお金をほかのことに使えば、世界中の多くの問題が解決できる

では、この戦争や紛争に使われているお金を別なところに使ったら、どんなことができるだろう？　と計算してみました。

いま世界で多くの子どもが飢えて死んでしまっていますが、その原因は途上国の借金問題です。国が大きな借金をしちゃって、その借金返済のために自国の生産物がみんな外国に売られてしまう。そのおかげで、自分たちが食べるものを生産できないんですね。「だったら、その借金をチャラにしたらいいじゃないか」ということで、世界中の貧しい国の借金を免除します。

次にお金がかかるのが、実は「兵器を廃絶する」ことなんです。核兵器などを廃絶するためにはすごくお金がかかります。

さらに、飢えている人に食料を届ける、地雷を撤去したり、アフガニスタン・イラクを復興したり……というような形で、これら全部のことをやったとしたらいくらかかるのか？　というのを国連のデータをもとに算出してみました。すると、たった1年分の軍事費ですべての問題を解決できて、まだ２０００億ドル以上のおつりが来ることがわかったのです。

戦争に使うお金があったら、世界中の多くの問題を解決できるはずです。ところがいまの地球は残念ながら、お互いに助け合って生きていこうとしているのではなく、お互いに奪い合って死のう、あきらめよう……という悲しい惑星になっているように思えます。

さらに、戦争は地球温暖化防止の努力もムダにしてしまいます。世界中の国が目いっぱい努力して、二酸化炭素排出量を温暖化が進行しないレベルまで下げられたとしましょう。ところが、いったん戦争が起きてしまえば、この努力は水の泡となります。

例えば、F15など戦闘機の燃費は非常に悪い。戦闘機が全速力で8時間連続して飛び続けたとしたら、皆さんがオギャーと生まれてから死ぬまでの量以上の二酸化炭素を出しま

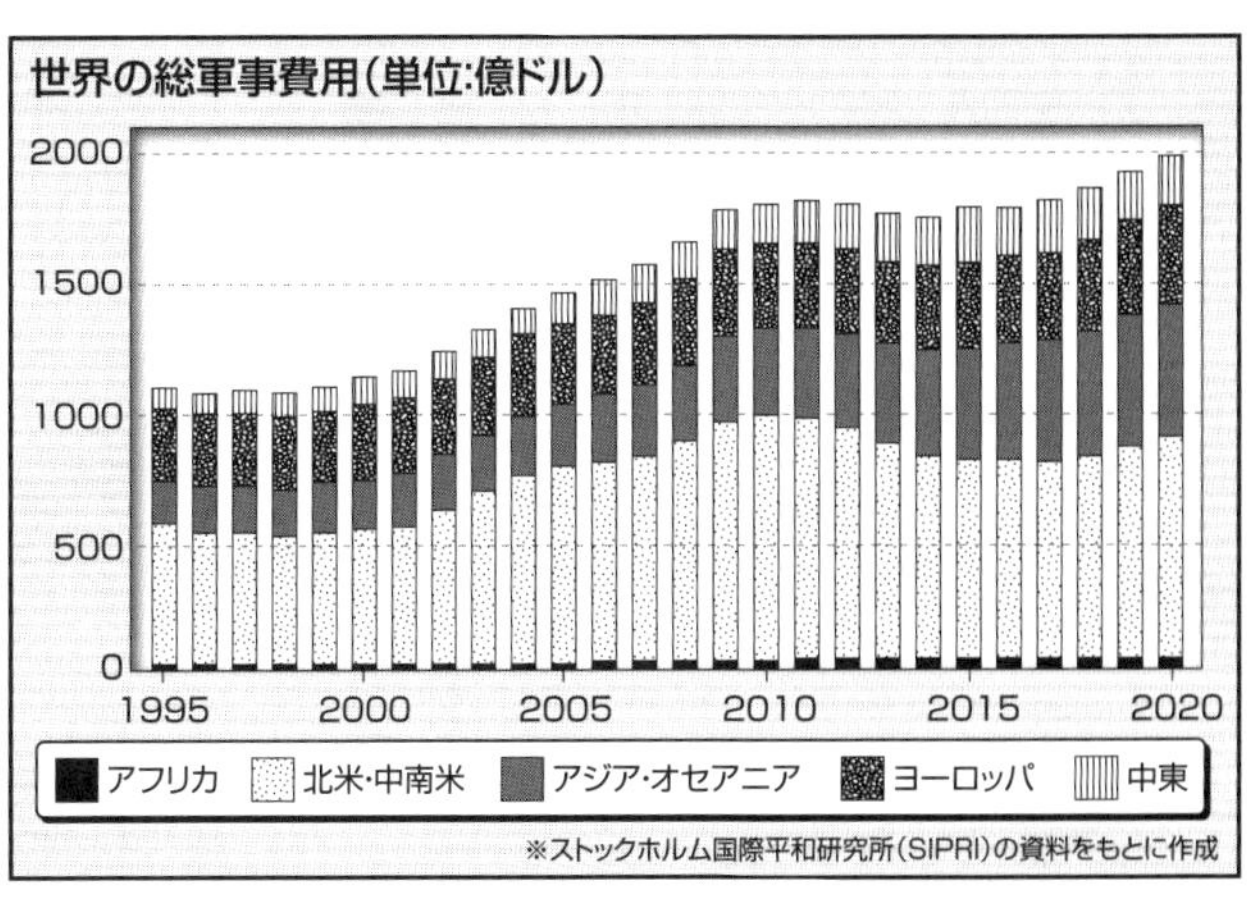

す。ぼくは燃費の良い車を買って「リッター30km走るぜぇ」なんて喜んでいたんですが、戦車の燃費はリッター300mです。軍隊というものは、ものすごい勢いでガソリンを消費する集団です。ぼくたちがスーパーで「レジ袋は要りません」と断ったり、「割り箸を使わずにマイ箸を使います」なんてやっていたりする上空を戦闘機がバビューンと飛んで行ったら、そんな努力は一瞬にして消え去ります。

戦争は街や環境を破壊して人の命を奪うだけで、何も生み出しません。それどころか、石油を奪うために石油を大量に消費して二酸化炭素を排出します。戦後も復興のためにまた二酸化炭素を出します。戦争をしていない状態でも、維持や訓練のために二酸化炭素を出しています。

戦争関連の二酸化炭素排出量というのはとても多いんですね。

ここで言えることは、ぼくたちがもし戦争が出す二酸化炭素を放置したままで温暖化対策を進めていったとすれば、どちらにしても滅びるということです。だったらムダな抵抗はせずに昼寝でもしていたほうが楽だね、ということになります。だからぼくは、戦争に反対しない環境運動には意味がないと思うのです。

それなのに、宇宙レベルで考えてみると実にバカげたことに、地球という惑星の表面にはたくさんのミサイルがつけられていて、すべて地球に向けてセットしてあるんですよ。日本もそのために２００８年に「宇宙基本法」という法律を作りました。その時に公明党が修正案を出して通ったんですが、そこの修正案の内容は「憲法９条の趣旨を守ること、もう一つは専守防衛目的ですること」というものでした。

宇宙から何かが攻めてくるんだったらそういうことも言えるのでしょうけど、最近、宇宙人って攻めてきてましたっけ？　攻めてきていないですよね？　これは名前が間違っています。「宇宙戦争法」です。宇宙を舞台にして、地球人同士で戦争をするための法律ですよ。日本もその戦争に加わろうとしています。

戦争をしなくても、武器を持たなくてもいいように話し合うことを放棄して、「他国が攻めてきたらどうのこうの」などと言って自分たちが住んでいる星にミサイルを向けている。ぼくは、これは本当に愚かで、どうしようもなくナンセンスなことだと思っています。

◆国内では、発電所が最大の二酸化炭素排出源

「じゃあ日本国内では、いったい誰が二酸化炭素を出しているのか？」というのを見てみましょう。直接出しているところで見ると、まず家庭はたった4・6％。しかし、例えば発電所のほうで二酸化炭素を出して家で電気を使う、という場合の家の電気使用分はここには含まれていません。これを「直接排出量」と呼びます。

それでは、家庭の電気使用分が発電所で出した量も含めた「間接排出量」で計算したグラフも見てみましょう。それでも何と家庭の使用料は、14・4％しかないんです。

だからよく言われる「皆さんのライフスタイルを改めることで地球温暖化は解決できます」なんていうのは大ウソです。大学で授業をしていると、「温暖化の解決策」と言えば「私たちのライフスタイルの変革」だと返ってきます。学生たちはデータをもとにした検証を伝えられていないし、自分で調べたこともない。ぼくたちが減らすことができるのは15％もない。「じゃあ、本当に二酸化炭素を出しているのはどこのどいつなんだよ！」と

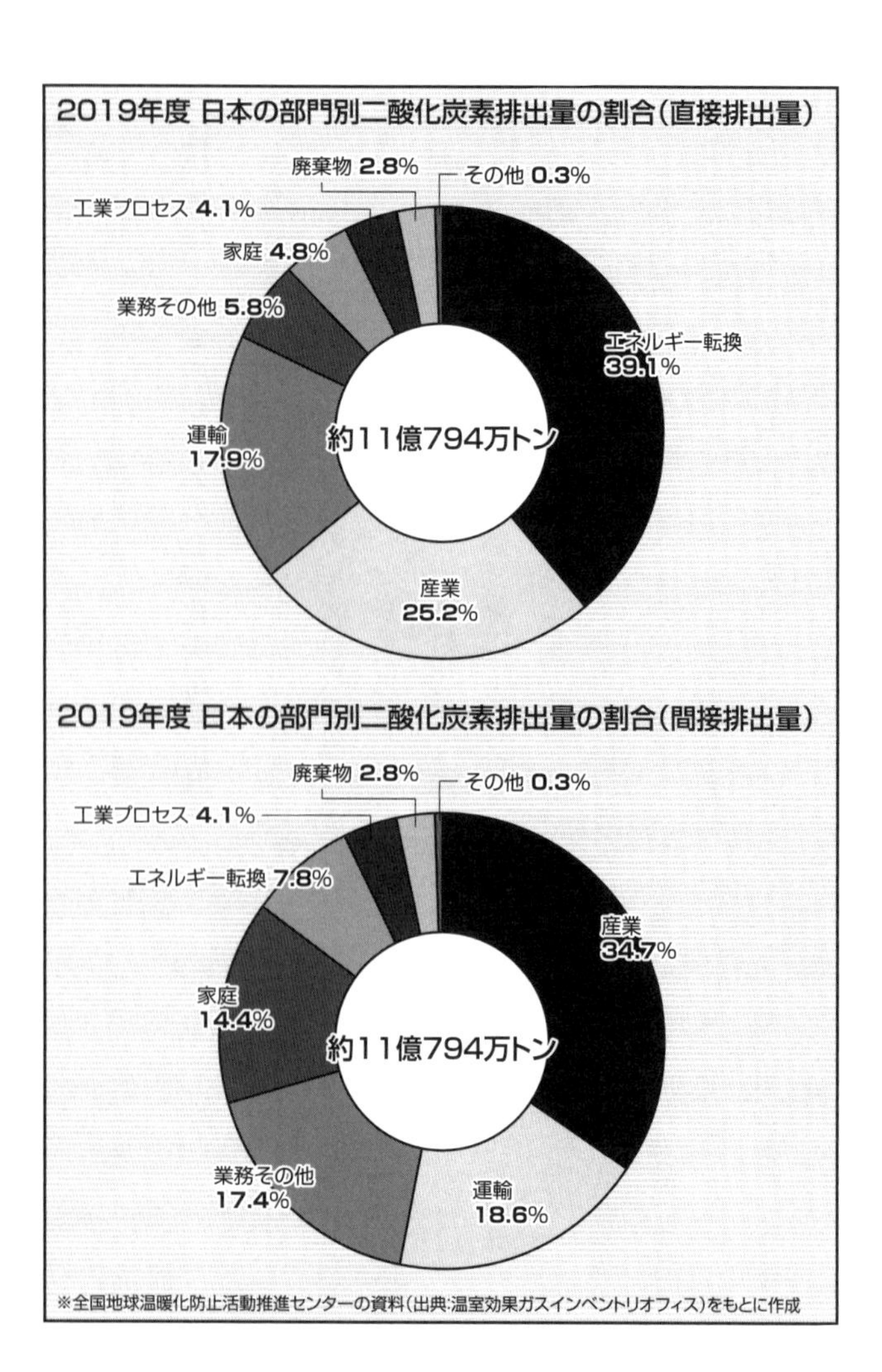
2019年度 日本の部門別二酸化炭素排出量の割合(直接排出量)
廃棄物 2.8%
その他 0.3%
工業プロセス 4.1%
家庭 4.8%
業務その他 5.8%
エネルギー転換
39.1%
運輸
17.9%
約11億794万トン
産業
25.2%
2019年度 日本の部門別二酸化炭素排出量の割合(間接排出量)
廃棄物 2.8%
その他 0.3%
工業プロセス 4.1%
エネルギー転換 7.8%
産業
34.7%
家庭
14.4%
約11億794万トン
業務その他
17.4%
運輸
18.6%
※全国地球温暖化防止活動推進センターの資料(出典:温室効果ガスインベントリオフィス)をもとに作成

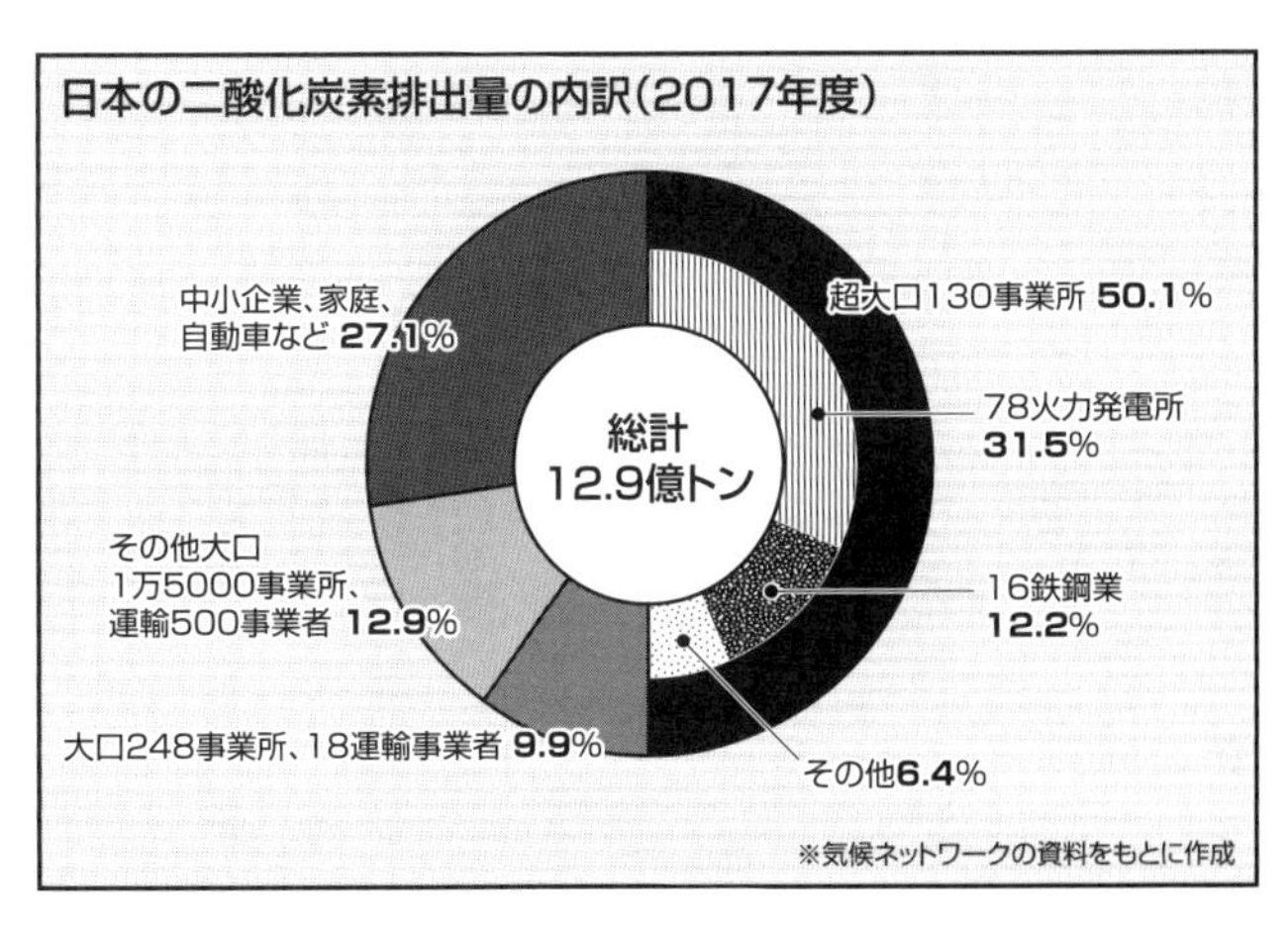

気になるわけですが、ここのこいつなんです。
　間接排出量で見ると、日本が排出する二酸化炭素の50・1%を出しているのは超大口の工場。たった130工場から出ているんです。「本当の責任は企業にある」と言うと企業が嫌がるから、政府は「みんなのせいだよ、みんなのライフスタイルが問題なんだよ」と言ってごまかしているというわけです。
　さらに「その大量に二酸化炭素を出している業界はどこなのか？」というのを見ていくと、「電力・鉄鋼・セメント・化学メーカー・化学工業、石油精製業、紙製造業」の6業種で、78発電所の排出量が日本の排出の約3分の1を占め、その半分（日本全体の18%）が36の石炭火力発電所」です。既得権益に守られ、政治的にも大きな力を持つ大企業ばかり。これらの企業は自らの利益を最大化させることが目的ですから、なかなか〝改心〟させるのは難しそうです。

つまり、日本の二酸化炭素排出量の3分の1を出しているのは発電所です。ですから「地球温暖化」と聞いたらまず真っ先に電力会社を思い浮かべてください。発電所が最大の原因なんです。そして、発電所の中でも圧倒的に二酸化炭素を出すのは石炭火力発電所なんですね。世界の国々はどんどん石炭火力をやめていっています。ところが、その石炭火力発電所をいまだに推進している国があります。それが日本です。

日本は外国への石炭火力発電所の輸出にも積極的でしたが、脱炭素化を進める世界各国や環境NGOなどの批判を浴びて、最近はベトナムやインドネシアなどの新規建設計画から日本企業も撤退し始めています。

◆二酸化炭素をたくさん出しているのは家庭ではない！

というわけで、発電所がいちばん二酸化炭素を出しているということがわかりました。そして「でも、その発電所がつくった電気は皆さんが使っている」といつも言われるんですが、家庭や小さな事業者が消費しているのは「従量電灯」という契約です。それは全体

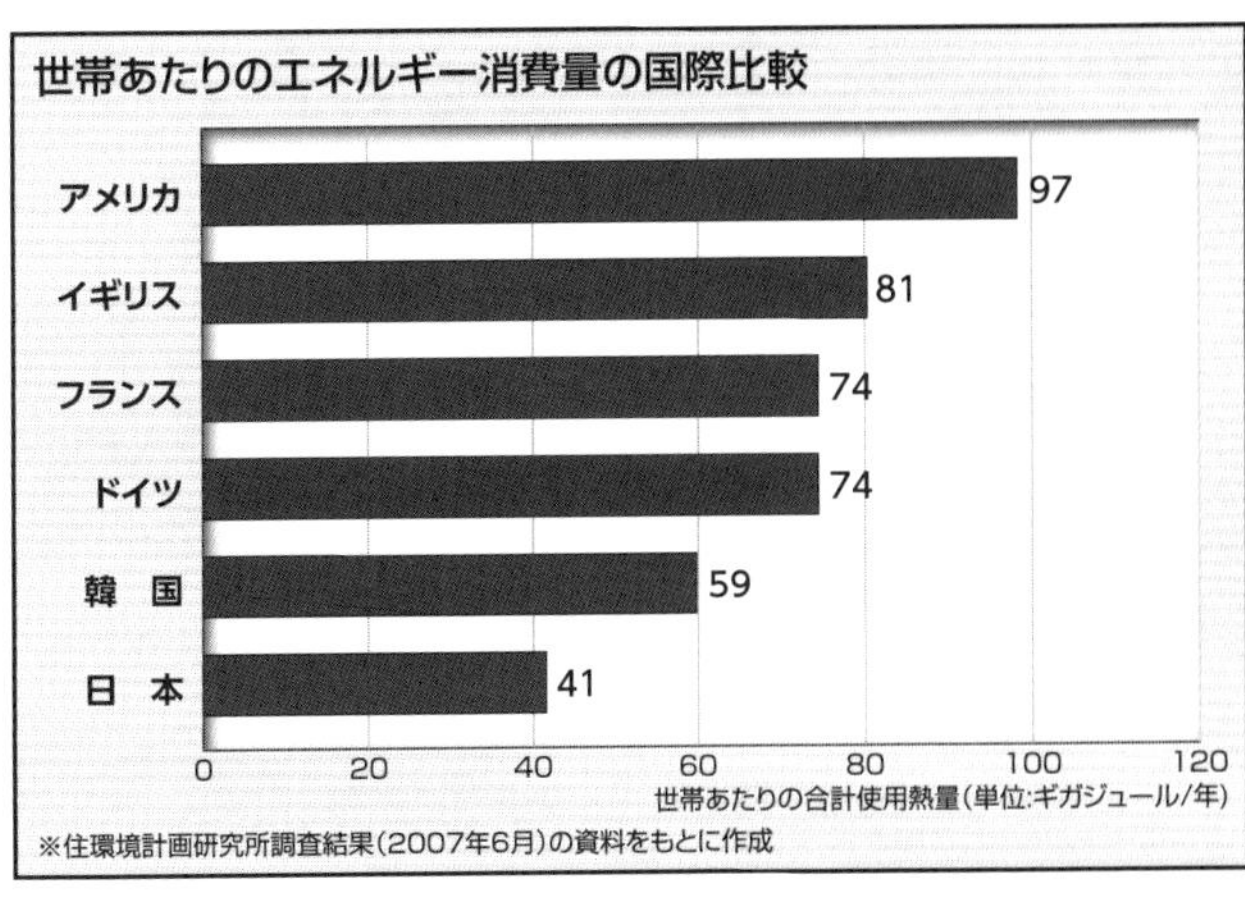

の22％にすぎません。

実は日本でいちばん電気を使っているのは、産業用特別高圧、業務用特別高圧といった、高圧送電線がそのままつながっている大工場。それが日本の電気の3分の2を使っています。だから「皆さんのライフスタイルの問題」というのはまるっきりウソだ、ということは明らかです。

さらに「日本人は使いすぎるから、皆さんの問題なんです」とも言われますけれども、本当にそうなのでしょうか。では、主要国の家庭のエネルギー消費量を見てみましょう。消費量が少ないのはどこの国の家庭でしょうか？　圧倒的に日本です。日本の皆さんの暮らしこそ、世界の模範なんです。日本人に向かって皆さんのライフスタイルがどうのとか、頭が高いですね。どうして日本は省エネができているのかというと、日本人は家を全館冷暖房しないからですね。家じゅう涼しかったり暖かくしたりする必要はなく、人がいる場所だけ快適であればいい。そして省エネ製品も非常に優れているし、本当に必要な部分にだけ使っていくということができているからです。

だから「私たちは世界の模範なのであって、ライフスタイルを問題にされるような暮らし方はしていない」ということを理解すべきです。温暖化の被害を受けている一般の人が、温暖化の最大の加害者である電力会社はじめ大企業に頭を下げて、対策を「お願いする」というのはおかしな構図だと思いませんか。

◆日本の温暖化「懐疑論」は、利権がらみというより〝難癖〟に近い

ここで温暖化問題に対する「懐疑論」の話をしましょう。「温暖化は二酸化炭素のせいではない、人間活動のせいではない、太陽のせいだ」とかいう類の〝雑音〟の話です。

世界では、石油・石炭など化石燃料の利権を守るために、組織的に費用が出されて「懐疑論」が流され「地球が温暖化しているかどうかについては賛否両論あって、一方的には判断できない」とする論法がまかり通っています。この場合、研究者のパトロンを調べる

ことで、その研究が何を目的にしているのかわかることが多いんですね。

ところが、日本では趣が異なります。原発に反対する人が温暖化懐疑論を振り撒いているように、利権のために主張しているのではなく、自発的に繰り広げている人が多いんです。これまで原子力推進派が、「温暖化防止」を理由にしてきました。だから反原発運動の中では「温暖化防止＝原発推進」と考える人たちが多かった。しかし原発はとんでもなく大規模な事故を起こして、その被害の大きさから「地球温暖化防止のために原子力を」では説得できなくなりました。

そして今では、温暖化防止は2番目くらいの理由にして、「石油が輸入できなくなったらエネルギー資源をどうするのか」、「自然エネルギーは価格が高い」といったことを原子力推進の理由にしています。しかし2021年、ついに日本政府は「太陽光発電のほうが電気が安く、原子力より安い」と言わざるを得なくなりました。そこで原発を新設するのは後回しにして、既設原発の長期利用を推進しています。

何よりも彼らは原子力を推進することが大事なので、何十年も経った老朽原発を動かし続けようとしています。もし政府が「温暖化防止が大事だ」と思っているなら、日本政府はこんなに石炭火力発電を推進するわけがありません。

原子力は「科学の子」鉄腕アトムのように、原子力そのものが「科学」の旗印だったのです。原子力に反対する人たちにとって「科学」は長年自分たちを虐げてきた相手なのです。それと同様に、その「科学」をベースにした地球温暖化対策もまた敵に見えるのでしょう。そこから、利権も何もからまない奇妙な懐疑論が多発することになりました。それは、ほとんど〝難癖〟に近いものになっていると思います。

これに対して、現在までに蓄積された科学的知見にもとづいて地球温暖化問題を研究している大学や研究機関の人たちが『地球温暖化懐疑論批判』という本を書き、日本で流布されている数々の懐疑論に対して、一つひとつていねいに反論・論破しています。この本は出版されておらず、誰もが無償で読めるようにインターネット上にPDFファイルで公開されています。気になる人はぜひ目を通してみてください。マスコミ報道などでもてはやされている「温暖化懐疑論」が、いかに「温暖化否定ありき」で科学的ではないものか、恣意的にデータを用いているかということがわかると思います。

『地球温暖化懐疑論批判』（明日香壽川、河宮未知生、高橋潔、吉村純、江守正多、伊勢武史、増田耕一、野沢徹、川村賢二、山本政一郎／著）

http://www.cneas.tohoku.ac.jp/labs/china/asuka/_src/sc362/all.pdf

そして最近よく見かけるようになったのが、例えば「温暖化は二酸化炭素によるものではなく、原発の余分な排熱が地球を温暖化させている」というような、専門的に見れば誤った些末な議論です。「些末」というと怒る人がいるかもしれませんが、惑星としての「地球」の気温レベルからすると「誤差の範囲」といえるほど小さなレベルの話です。

地球の熱の入出力は太陽によるものです。太陽から届いているエネルギーの総量は1時間あたり175兆kW。その莫大な熱量と比べたら、原発の排水が周辺の海水温を高めていることは事実でも、地球全体の熱量に対しては「誤差の範囲」にしかならないということがわかってもらえるのではないでしょうか。

◆原子力発電が続けられない理由

「温暖化対策として、二酸化炭素を出さない原子力発電を推進すべきだ」と主張する人たちもいます。日本政府は今も、5原発7基の新規建設計画を維持しています（東通2号機、浜岡6号機、敦賀3・4号機、上関1・2号機、川内3号機）。

しかし、もう原子力を続けることはできません。日本の人口は今のペースでいけば100年以内に半減することは間違いない。これまで電力需要は「人口1人当たりに比例する」とされていました。そして原子力発電所は建てるのにリードタイムが25～30年、つまり「これから建てるぞ」と言っても建つのは30年後です。そこから50年使うことになります。ところが、原子力発電所は変動する需要に合わせて弱火にすることができない。いつも100％の出力で発電していないとかえって危険になります。

リードタイム30年に稼働年数50年を加えると、今から建てようとすれば2101年まで使うことになり、その頃には日本の人口は半分近くになっている。今から原子力発電所を造っても、電力需要は年々減っていきます。だから合理的に電力会社の経営を考える人でしたら、原子力は選択できないはずです。

「じゃあ既存の原発の再稼働ならいいだろう」と言うかもしれません。しかし、原子力というのは発電効率がめちゃくちゃ悪いんです。生み出す熱のうち約3分の1しか利用できない。3分の2は温水を排出して、海を温めています。効率から言えば原子力発電所は「発電機能つき海水ヒーター」といったところです。しかも原子力は弱火にできないので、出力調整用の「揚水発電ダム」が必要になります。この揚水発電所というのは「発電」とは名ばかり。実際には10の電気を使って水を引き揚げ、必要な時に放流して7の電気を取り出しています。3割の電気をロスするというシロモノで、実際にはバッテリー、蓄電所です。電気を捨てながら調整しているのです。

◆オール電化は二酸化炭素を増やし、原発を延命する

しかし原子力発電所を造り続け、稼働し続けたいと思えば、別の方法があります。人口が少なくなっていく中で需要を増やす方法、それが「オール電化」です。オール電化をすれば、ガスや灯油がこれまで担ってきた需要を電気が奪い取ることができます。

しかも契約によっては、電気料金全体を割り引く仕組みも入れています。これで契約してしまうと、後で「やっぱりガスで調理したい」と考えても、ほとんど困難になります。なぜならガス管は道路の下1・2mの深さに埋設されていて、そこから家の下の基礎コンクリートを割って入れるしかないからです。

いちどオール電化を選んだら、もう「次に家を建て替える時もオール電化のまま」という覚悟を決めなければなりません。つまり、実質的に「オール電化契約」は、電力需要を下げないための電力会社の「囲い込み運動」なわけです。

オール電化は夜間の電気を使って、お湯を沸かして昼に使います。このことで、夜間と日中の電力需要の波の上下を平らにすることに役立つことになります。例えば、東京電力

のオール電化「スマートライフプラン」契約にすると、夜間の電力料金が1kWhあたり17・78円。昼間は25・80円。

オール電化契約の中で、いちばん効率がいいと言われる機器が「エコキュート」という電気温水器です。深夜の電気を使ってヒートポンプ機能を利用し、外の熱を集めてきます。1の電気を使って、3以上の熱を集めてくることができる。「だからすごく効率がよくていいんだ、環境に優しいんだ」というふうに言っているわけですね。ところが、そのエコキュートの現実のデータを見てみると、実際には3も集めることができなくて、いちばんいい実績でも1・78しか集められていません。しかも、冷たい外気から熱を集めて冷たい水を温めるのですから、効率は良くありません。

オール電化にした場合、夜間の1kWhあたりの二酸化炭素排出量は2倍に増えます。なぜなら、夜間の電力は稼働中の原発の100%が利用されているので、夜間にさらに発電量を増やすとしたら、火力発電を増やして調整するしかないからです。

ところが電力会社の試算では、エコキュートを入れると二酸化炭素排出量は大幅に減ることになっています。なぜなら「原発は二酸化炭素を出さない」という理屈のもとに、原発所の電気を使った前提の数値で「環境にいい、エコだ」と言っているんです。しかし実際に計算してみると、元の数字と比べて増えています。二酸化炭素が減るというのはまったくのウソです。実際のデータを、関西と関東の両方で実績を調査したグループがそれぞれいます。それによると、夜間電力の需要を増やすことで火力発電の稼働が増え、二酸化炭素の排出量は1・29～1・69倍に増えることがわかりました。オール電化というのは、実は二酸化炭素が増える仕組みであり、原発を延命させる仕組みなんですね。

原発にはそのほか、〝核のゴミ〟の処分場の問題、被曝労働の問題、核燃料サイクルの破綻、地震大国の日本では〝絶対の安全〟はないのではないか（次ページコラム参照）など、未解決の問題が山積しています。原子力を推進するメリットはまったくありません。もっと有効な解決方法はあるんです。それは三章以降で説明していきます。

コラム1 原子力発電が続けられない最大の理由

温暖化対策として「原子力発電の推進」を主張する人々もいます。2011年の「東北地方太平洋沖地震」までは、日本では最大時には54基もの原発が動いていました。それが現在（2021年7月）時点で稼働している原発は9基。だいぶ減って、それだけ危険性が和らいだ気がしますが、まったく危険性は去ってくれていません。

なぜかというと、時折政府が発表するように「大地震が起きる危険性は少しも減っていない」からです。マグニチュードで示される地震の大きさは、皮膚感覚的には伝わってきません。

人々を恐怖に陥れた「東北地方太平洋沖地震」はマグニチュード（M）9・1とされています。ここでは国立天文台（2011年）に基づくモーメント・マグニチュード（Mw）の値を用いますが、仮にそれが0・1〜0・2違ったとしたら、0・1で1・4倍、0・2で2倍、1違えば32倍増えることになります。

ここ最近の日本の巨大地震でいえば、阪神・淡路大震災（1995年）が震度6で

Ｍｗ７・３。東日本大震災（２０１１年）が震度７でＭｗ９・０。熊本地震（２０１６年）が震度７でＭｗ６・５といったところです。

今後想定される津波対策のために、内閣府中央防災会議は次に襲ってきそうな大地震を２０２０年４月21日に発表しました。それによると、なんと日本海溝沿いではＭｗ９・１、千島海溝沿いはＭｗ９・３の巨大地震が起こる可能性があるそうです。これは２０１１年の「東北地方太平洋沖地震」を上回る規模です。

そして、太平洋の北海道から岩手県沖にある千島海溝沿いで大地震が起きた場合、「汚染水処理中の東京電力福島第一原発」には東日本大震災と同程度の高さ13・７ｍの津波が襲来し、敷地は３ｍ以上浸水すると想定しました。こんな事態が想

平成の時代に起きた大震災

震災名	発生年月日	最大震度	マグニチュード
阪神・淡路大震災	1995.1.17	6	7.3
鳥取県西部地震	2000.10.6	6強	7.3
岩手・宮城内陸地震	2008.6.14	6強	7.2
東日本大震災	2011.3.11	7	9.0
熊本地震	2016.4.14	7	6.5

※気象庁資料などをもとに作成

定される日本では、原発など建てていられません。
マグニチュードは震源での大きさですが、地形によって揺れ方はまったく異なります。「震度」というのは体感的なものを基準として考えられていて、最大が「震度7」。しかしこれは、客観的な数値とは言えません。「震度7」には「震度6強より上のもの」がすべて含まれてしまい、もはや震度での区別ができないのです。

◆青天井の「震度7」

「震度6強」を超えてしまえばすべて「震度7」とされてしまう「震度6強」の定義としては、気象庁の「震度階級関連解説表」にこう書かれています。

体感：立っていることができず、這わないと動くことができない。多くの建物で、壁のタイルが剥がれたり、また窓ガラスが割れたりして落下する。補強されていないブロック塀のほとんどが崩れる。老齢の中高木は根元から折れることがある。

木造：耐震性の低い住宅は倒壊するものが多い。耐震性の高い住宅でも壁や柱がかなり破損するものがある。

RC造：耐震性の低い建物は倒壊するものがある。耐震性の高い建物でも、壁や柱が破損するものがかなりある。ガス管、水道の配水設備に被害が出、広い範囲でガス・水道が止まることがある。また、一部の地域で停電する。都市ガス会社はこの震度で各ガバナーステーションへの遠隔操作により供給を停止する。震央付近の地域では地割れが確認でき、断層が地表に現れることもある。植林の少ない地域では山崩れが発生する。

これ以上の被害は、どうなろうともすべてが「震度7」になるのです。これでは、計測値に頼って判断することはできなくなります。そこで計測可能な「ガル」という単位で表現することになります。その実体は「加速度」で、「1秒間に変化する速度の変化量」のこと。重力加速度（物体が落下するときの加速度）が980ガルですから、モノが飛び上がるにはそれ以上の重力加速度が必要となります。

それに沿って、建築物の耐震等級によって基準が作られています。これは建築基準法ではなく「品確法・住宅性能評価制度」で定められたもので、以下のガル数に相当します。

そして、震度をガル数で示すと以下のようになります。

震度5……80〜250ガル
震度6……250〜400ガル
震度7……400ガル以上

ところが、ガル数で世界のギネス記録を持っているのは2008年の「岩手・宮城内陸地震」で、震源断層の真上で観測された「最大加速度4022ガル」です。それまでは2004年の「新潟県中越地震」で観測された2616ガルでした。

「岩手・宮城内陸地震」はマグニチュード（M）7・2の地震で、岩手、宮城両県の一部で震度6強を観測し、死者17人・行方不明者6人の被害を出しました。この地震のガル数はギネス記録を大幅に更新したにもかかわらず、それでも「震度7」ではなかったのです。

【性能表示・品確法で定める強度】（住宅性能評価・表示協会のサイトより）

●耐震等級1＝建築基準法強度（建築基準法の耐震性能を満たす水準）	
80ガル	傷つかない（損傷しない）
400ガル	倒壊しない（倒れない）
●耐震等級2＝建築基準法の1.25倍	
100ガル	傷つかない（損傷しない）
500ガル	倒壊しない（倒れない）
●耐震等級3＝建築基準法の1.50倍	
120ガル	傷つかない（損傷しない）
600ガル	倒壊しない（倒れない）

住宅性能表示制度で定められた耐震性の中で最も高いレベルの「耐震等級3」を取っていても、倒壊しない数値というのは600ガルまでです。これではとても追いつきません。「岩手・宮城内陸地震」の4022ガルには、ありとあらゆる建築物は耐えられません。なにせ瞬間的にとはいえ、ロケットを真上に飛ばす加速度のおよそ4倍になるのですから。

◆原発がどれだけ耐震性を上げようとも、日本を襲う巨大地震には勝てない？

日本の原発も「耐震性の高さ」を一応は謳っています。東海地震が予想されている浜岡原発では、かつて450ガルだった「基準値振動」のレベルを600ガル、800ガル、1200ガルと上げながら、それに伴って重要な施設の耐震性能を上げてきています。

しかし、2005年に建設された耐震性能の高い浜岡原発第三号機でも、その後に大きな変更工事はなされていません。ギネス記録に対応していないどころか「東北地方太平洋沖地震」の後にも変えられていないのです。

変わったのは防潮堤の高さだけで、それがどれほど頼りないのかは現地を見ればわ

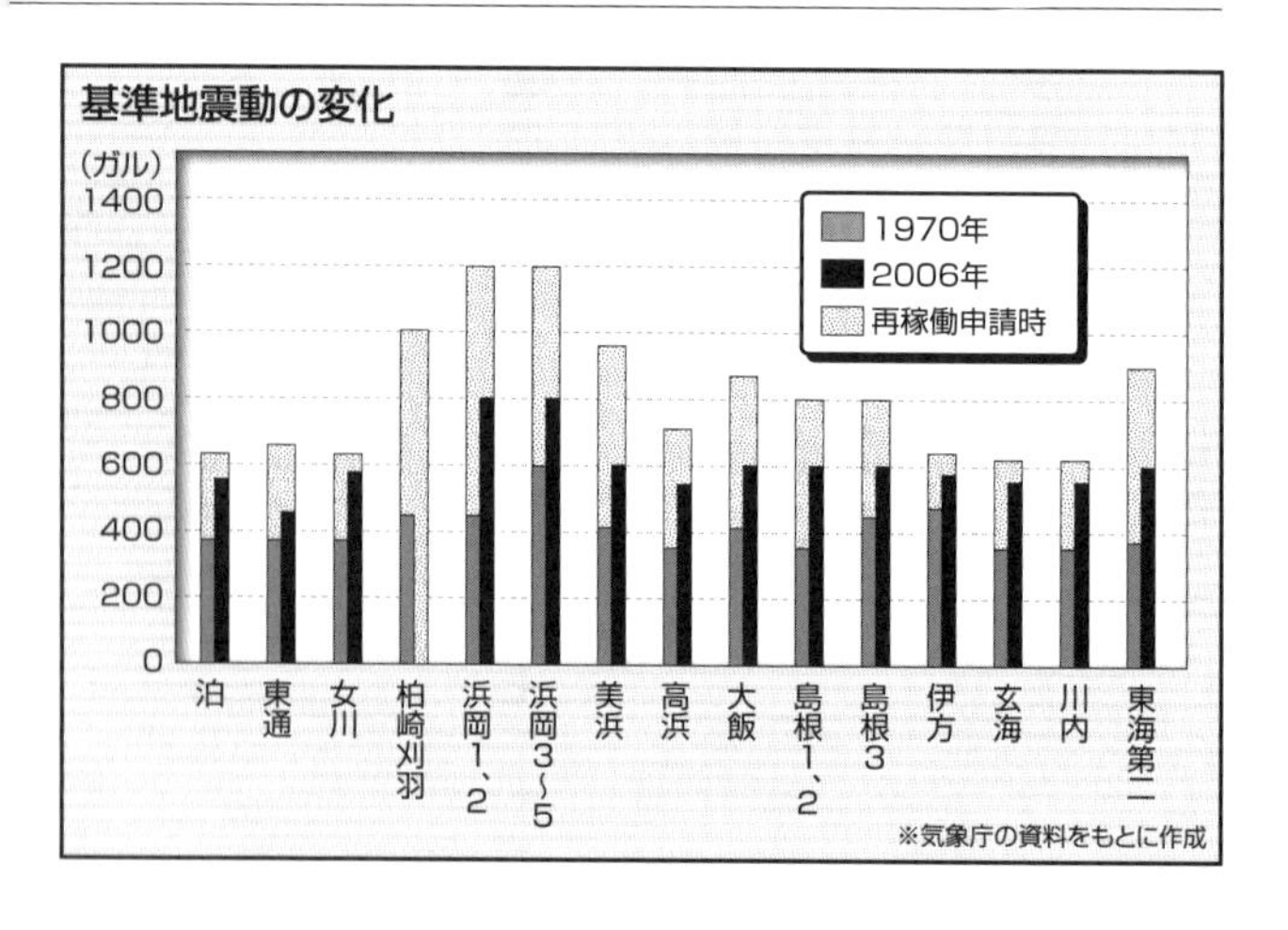

かります。津波は表面の波だけではなく底から海水全体が動くので、とても対応できるはずがありません。しかも耐震構造にしたとしても主要な部分だけで、すべての部分に耐震性が施されるわけではありません。地震動にも津波にも耐えられる保証はないのです。

4022ガルの地震が起きた場合は、重力の4倍もの加速度がかかってくるのですから、それに耐えうる建物を造ることなど今の技術では不可能です。もし原発がどんなに耐震性を上げたとしても、日本を襲う桁違いの巨大地震には勝てない場合があるのです。

◆福島第一原発事故は津波ではなく、地震の揺れによって起きた!?

例えば、ウィキペディアにはこう書かれています。

「**福島第一原子力発電所事故は、2011年3月11日の東北地方太平洋沖地震による津波の影響により、東京電力の福島第一原子力発電所で発生した炉心溶融（メルトダウン）など一連の放射性物質の放出を伴った原子力事故である**」

他のサイトなどの解説も同様で、福島の原発事故は「津波が原因」ということで定説化しています。しかし、これに異を唱える人物がいました。2013年10月4日、岡山市の長泉寺で、元東京電力技術者の木村俊雄さんによる講演会が行われた時のことです。

木村さんは「福島第一原発の『過渡現象記録装置』のデータ解析を行ったところ、地震による原子炉停止の直後に、本来は自然循環するはずの炉内の水が止まっていたことが判明した」という事実を示したうえで、「原発事故は津波が原因ではなく、地震の揺れによって壊れたのではないか」ということを示しました。

「大学で、学問の形で原発を学んでも、『現場での実務』を知らなければ、福島第一原発事故の真実は見えてきません。メルトダウンは津波ではなく、地震で引き起こされたのではないか」と木村さんは語りました。

◆「津波原因説」によって、一部を改修しただけで再稼働へ

そのデータは2013年8月に東京電力が自ら公開した福島第一原発の「過渡現象記録装置のデータ」を木村さんが解析して得たものです。木村さんは東電で「炉心屋」と呼ばれる仕事をしていて、まさにこのデータの解析を行っていたのです。

もともと原発は「フェイルセーフ（誤操作・誤動作による障害がなんらかの装置・システムに発生した場合、常に安全に制御すること）」の思想のもとに設計されています。そのためたとえ強制循環の冷却水の電源が失われたとしても、冷却水の自然循環だけは残り、冷却能力の半分は残るはずでした。フェイルセーフがちゃんと機能して、「自然循環」の能力だけでも残っていたとすれば、福島原発事故を深刻にした炉心溶融は避けられていたはずでした。

ところがそのデータは、その自然循環さえ残さずに冷却能力を失っていたことを示しました。津波で電源が失われる前に原発の小さな配管が破損して、冷却できずにメ

ルトダウンすることが確定していたのです。「そのことは、炉心から漏れ出した冷却水の放射能濃度からも確かなことだった」と木村さんは言います。

このことから、原発事故を決定的にしたのは「津波」ではなく、「地震の揺れ」によるものだったのではないかとの疑問が出てきます。ところがこの事故は「津波原因説」によって〝めったに発生しない事態〟とされ、「一部を改修すれば大丈夫」と原発再稼働が各地で始まっています。原発事故の本当の原因が地震にあるとすれば、日本で想定される巨大地震を完全には防げない以上、再び事故を起こす危険性があるというのに。

◆チェルノブイリ原発事故の時から隠されていた〝不都合な事実〟

そのデータが隠されたのは、原発再稼働を進めたい側にとって都合が悪かったからでしょう。そのために、木村さんはまるで〝トンデモ論者〟であるかのようなレッテルを貼られて、信用を失いました。しかしすでに見たように、日本の大地震に勝てる建築物などあり得ません。しかも、日本のどこにも「地震が起こらない地点」は見つけることができない。地震に勝てる原発などあり得ないのです。

福島原発事故を招いた「細かい配管の破損」は「流量計測システムの測定用細管」と見られています。というのは、地震当時、発電を停止していた4号炉の同じ部分が地震で破断していましたというのは、設計上は重大な部品ではないと見られていたためです。稼働していた1号炉、2号炉とともに冷却能力を失っているのです。その「流量計測の測定用細管」の耐震性のレベルは、なぜか「3段階のうちでいちばん弱いレベル」で足りるとされていました。これは明らかに設計上のミスでしょう。この〝ご都合主義〟が続いていることは、次の事故を引き起こす要因になります。

こうした〝地震と原発の不都合な真実〟は、1986年のチェルノブイリ原発事故の時点から、すでに隠されていました。チェルノブイリ原発事故は、一般的には「運転員の操作ミスが原因」とされています。しかし事故が起きる数分前に、原発直下で震度4程度の地震があったことが確認されています。そのことが「チェルノブイリ原発　隠されていた事実」というデンマーク国営放送が作ったビデオで伝えられました。これは現在、ユーチューブで視聴可能となっています。

ではなぜ「隠される」のでしょうか。原発事故の原因が地震ということになると、世界中の地震地帯で原発が建てられなくなってしまいます。そして、すでにある原発も廃炉を余儀なくされてしまう。それは一部の原子力業界の人たちにとっては不都合でした。だから隠されたのだと思います。

それと同様の問題が、福島第一原発事故についても隠されていたのではないでしょうか。原発は地震に弱いのです。しかも世界全体の地震のうち約2割が起きているといわれる日本の原発は、大きな危険と隣り合わせで発電しているということになります。

◆「地震が多発する国では無理だ」とロイズ社に原発の保険を断られる

日本の中で「地震が起こらない場所」というのはありません。入り組んだプレートの周囲はもちろん、他の場所にも無数の「活断層」が隠されているのです。日本で原発を始めた時、「何にでも保険がかけられる」といわれるイギリスのロイズ保険組合に電力会社と日本政府が相談したところ、「日本のように地震が多発する国では、原発に保険をかけるのは無理だ、面積にしないと」と断られたそうです。

これは当然の結論だろう。そこで日本側は保険賠償額を少なくしたうえで地震被害などを免責にし、日本の保険会社が引き受けるための「保険のプール」をグループに作らせて、何とか原発に保険をかけたという経緯があります。しかし、保険は掛けたものの「免責」と「過少な補償額査定」のために、福島原発事故に対する賠償金は福島原発のメルトダウンによる被害額のわずか0・6%にしかならず、十分ではなかったことは明らかです。

もう、原子力発電の時代は終わりが見えています。〝核のゴミ〟である使用済み核燃料の処分も、まだ解決のめどが立っていませんし、核燃サイクルの計画も破綻しています。いくら外国に原発を輸出しようとしても、いくら国内の原発を再稼働しようとしても、原子力産業の終焉は覆いようがありません。一刻も早く原発事故の原因を明らかにして、地震地帯である日本の原発を廃炉にしていかなければなりません。

「温暖化対策のために原発推進を」というのは、すでに時代遅れの対策です。本書でこれから述べるように、もっと危険性が少なく、効果的な温暖化防止策はたくさんあります。温暖化防止のためにといって原発を建てまくったとしたら、逆に原発事故・放射能汚染で人類が滅亡するなんてことにもなりかねません。

そこから抜け出すためには、まずはいちばん危険な稼働中の原発を止めることです。そして、ここまで長引かせてきた原子力をなくしていくための次の一歩として、再稼働の動きを止めていかなければなりません。

第三章　地域・家庭でできる二酸化炭素排出削減

◆目指すのはタテでもヨコでもない、ナナメの「第三の道」

「温暖化の最大の原因は発電所だ」と言われてしまうと「それではぼくたちは温暖化防止のためにいったい何ができるのか？」と悩んでしまいますが、できることには3つの方向があると思っています。まず1つはタテ方向、自分が政治家になったり、政治家に影響を及ぼす存在になったりして、社会を下から上に、上から下に変えていこうとする動きです。

そしてもう1つは、ヨコ方向。署名運動をしたりデモをしたり、隣の人に知らせてヨコのつながりを作って社会を変えていこうとする動きです。

従来の運動はこのタテとヨコしか考えてこなかったんですが、どちらもなかなかうまくいっていません。ぼくはもう1つの方法があると思っているんです。その方法とは「ナナメの方向」。「まったく別な仕組みを考えて、現実に新たなやり方をやってみせる方法」です。日本語で言えば「第三の道」、英語で言えば「オルタナティブ」。このナナメの方向の動きを作っていきたいと思うのです。例えば、ぼくは市民が作る銀行「未来バンク」というものを日本で最初に作りました。現在では、14の非営利バンクが全国にできています。

その中の1つ、「Mr.Children」の櫻井和寿さん・音楽家の坂本龍一さん・音楽プロデューサーの小林武史さん、この3人のミュージシャンがお金を出して、環境を良くする事業に融資する「ap bank」というバンクを作りました。ぼくは「ap bank」の監事をやっていて、融資を希望している現場に行くことがあります。

例えば、埼玉県比企郡小川町に「ふうど」というNPOがあって、そこは「生ゴミを使って発電したいので、その活動に対して融資してほしい」というんですね。

どうやって発電するかというと、まず地域で出る生ゴミを持ってきて、それをミキサーで砕きます。そして、水に溶かしてドロドロになったものをゴム風船の中に入れる。そうすると、ゴム風船の中で微生物が生ゴミを分解します。これは「メタン発酵」と言って、分解の過程でメタンガスが生まれるんです。

メタンガスは別名「都市ガス」、ぼくたちがふだん使っているガスと同じ成分です。「ふうど」はこのガスを発電に使って、電気を東京電力に売るというバイオ発電プロジェクトを始めました。さらにメタンガスを採った後には、もう臭わない液体状の有機肥料「液肥（えきひ）」ができます。その液肥を近所の農家に売り、有機物を隅から隅までムダなく使う仕組みができました。

◆ゴミや糞尿が消え、重油も使わずエネルギーと肥料が生まれた

これがうまくいったことで、小川町の「ふうど」にはいろいろな人たちが見学に来ることになりました。ある時、福岡県大木町役場の人が来ました。というのは、大木町にはたいへん困った事態がありました。当時、住民の糞尿を回収したものを海にぶちまけていたんです。

昔は海に有機物を流しても海洋生物が浄化してくれるので別に問題はなかったんですが、海洋汚染防止を目的とした「ロンドン条約」(ダンピング条約、そののち「ロンドン条約」に名称変更、1972年採択)を日本が批准(1980年)したことによって2007年に廃棄物処理法が改正され、糞尿を海洋投棄できなくなりました。「じゃあ、どうしたらいいんだろう……」と、大木町の人たちはずっと困っていたそうです。そこでこのプロジェクトを知って、大木町でもバイオ発電施設を作ってみようかということになりました。

大木町では「おおき循環センター」という施設を作り、「メタン発酵槽」に糞尿を入れて発酵させ、メタンガスを採りました。そして最後に出た液肥を〝迷惑料〟のような形で近所の人にタダで配ったんです。糞尿からガスを作っているわけですから、かすかではあ

りますが臭いも出ます。

ところが、施設周辺以外の住民から意外な苦情が来る事態となりました。「何であの施設を町の真ん中に作ったんだ。オレたちの住んでいる場所に作ってくれれば、肥料がもらえたのに」と（笑）。そしてこれが、日本の「環境自治体会議」で取り上げられて、知られることになりました。以降、今ではあちこちの自治体でこの仕組みが採用されています。

大木町は気合を入れて大きな発酵槽を作ったので、集めた「糞尿」だけでは足りませんでした。それで約1万4000人の町民にお願いして、生ゴミを提供してもらいました。町民たちがみんなで協力して分別してくれたおかげで、バイオガスの原料を調達することができたんですね。

地域の中でいちばん二酸化炭素を排出しているのは、実はゴミ焼却場なんです。水を含んだ生ゴミが多いので燃えにくいため、重油をまいて焼却しています。その重油の使用のおかげで、地域最大の二酸化炭素排出源になっている。そんなやっかいな生ゴミが、燃やすどころかエネルギーや肥料になってしまったわけです。さらにいいことがありました。大木町のゴミの半分が消えたんですよ。一般家庭が出すゴミの半分は生ゴミです。ゴミ全体の量が減ったので、それ以外のゴミの分別もしやすくなりました。

ぼくたちが「環境を良くしたい。社会を緑にしたい」と考えた時は、「法律とか規制とか〝大きなハケ〟で全部緑色に塗ればいいんだ」と考えがちです。ところが、この方法はなかなかうまくいきません。それとは別なやり方で、着実に進んで行ける方法があります。「小さな〝緑の拠点〟をあちこちに作っていく」という方法です。

それらは最初、本当に小さな点に過ぎないかもしれない。でも、そんな小さな点がたくさんできていくうちに、いつの間にか遠くから見ると全体が大きく変わっている。「ap bank」でやろうとしているのは、こういうことです。それは、今後の温暖化対策を進めていくうえでの大きなヒントになると思います。

◆処理に困っていた下水も、〝知恵〟をしぼれば捨てる所がないほどに使える

もうひとつ、面白い事例を紹介しましょう。それは佐賀市にある下水場の処理システムです。市内の下水が全部流れ込んでくるのですが、そこで下水をメタンガスにして発電したんです。その処理水を海に流しています。

もちろん下水ですから、ものすごく臭いですよ。ところがその液体を足したとたん、臭いがパタッと消えます。その処理水には微生物がたっぷり入っていて、生ゴミや糞尿の類

をあっという間に分解してくれるからです。佐賀市内の下水処理場は一か所だけで、このシステムによってお金をかけずにどんどん下水処理をやっています。

　この微生物をうまくコントロールするために入れているのが「キトサン」という物質です。カニの殻などに多く含まれていて、抗生物質にも使われているものです。それを臭いの状況などを確認しながら入れていくんですね。

「年間どれくらいのキトサンを使うんですか？」と聞いたら、「60kgです」ということでした。これだけで下水処理ができて、ゴミも糞尿もなくなっていく。さらに大木町でも、処理してきれいになった水を農家がもらっていきます。処理水は「液肥」として使えますから、田んぼに入れるだけで「有機無農薬」のお米をタダで作ることができるんです。

　そしてさらに、面白い事態が起こりました。処理水が流れていく有明海は海苔養殖のメッカですが、最近は海苔の色が悪くなって高値で売れないという。ところが、この処理水が流れてきた場所だけは海苔の色が非常にキレイになったというんです。海苔の養殖には有機物が必要です。だから有機物を豊富に含む処理水が流れてきた結果、海苔にとってはキレイで栄養豊富な海になった。おかげで他の地域よりも10％ほど高い値段で売れて、海苔漁業者は約1億円の売り上げアップにつながったそうです。

そしてこの佐賀市の下水処理施設でも、生ゴミの分解で発生したメタンガスを採って発電し、施設内の電気もすべて賄っています。メタンガス発電をする時には大きな発電機を入れるのが普通なんですが、ここでは小さな発電機をたくさん並べてあります。相手は生き物なので、ガスがたくさん作れる時も少ない時もある。そこで、小さな発電機を生き物のご機嫌に合わせた数だけ動かしていったほうが、効率が良いということなんですね。

それから、下水を処理して最後にできるのが泥状の「下水スラッジ」です。これも微生物に分解させます。その時に、主に使っている微生物が「納豆菌」です。納豆菌の中でも非常に高い温度を出すもので、下水スラッジを分解させると1日で約80℃の高温になって分解し殺菌もしてくれる。

これがまた栄養分豊かな土になりまして、最初はタダで農家がもらって帰っていたんです。ところが、評判を聞いてあちこちからこの土をもらいに来るようになってしまいました。そこで箱を置いて、わずかなお金を入れてもらうようにしたとのことです。これは佐賀市に行くと見ることができます。

こうした仕組みがもっと広がっていったなら、下水処理が環境にプラスになることはあったとしても、マイナスになることはありません。処理に困っていた下水も、捨てる所がなくなってしまうくらい使えるんですから。要は〝知恵の差〟なんですね。

◆家庭での温暖化対策は、まず省エネ家電への買い替え

地域の二酸化炭素排出量を減らしていくと同時に、家庭の排出量も減らしていきましょう。と考えたときに、家庭の二酸化炭素はどこが排出しているかと言うと、半分が家電製品などに使う電気なんです。その次が自動車のガソリンです。ぼくたちの暮らしの中で圧倒的に二酸化炭素を出しているのは「電気とガソリン」だということがわかります。

ガソリンのほうは、燃費のよい自動車に乗り換えるということで達成できます。または公共交通機関をなるべく利用するようにするというのも有効です。

じゃあ、電気の消費を何とか抑えようと考えた時にはどうしたらいいのでしょうか？

次ページのグラフが、日本の各家庭の電気消費の分類です。

まずすべきことは、熱を電気で作らないこと。そして「オール電化をやめること」です。オール電化はものすごく効率が悪い。だって、発電所で化石燃料を燃やして、その熱を使って3分の1がやっと電気になるんです。その電気を使って熱を作るんだったら、熱を直接燃やせばいいはずです。そして残った部分を見てみると、家庭の〝消費の四天王〟は、

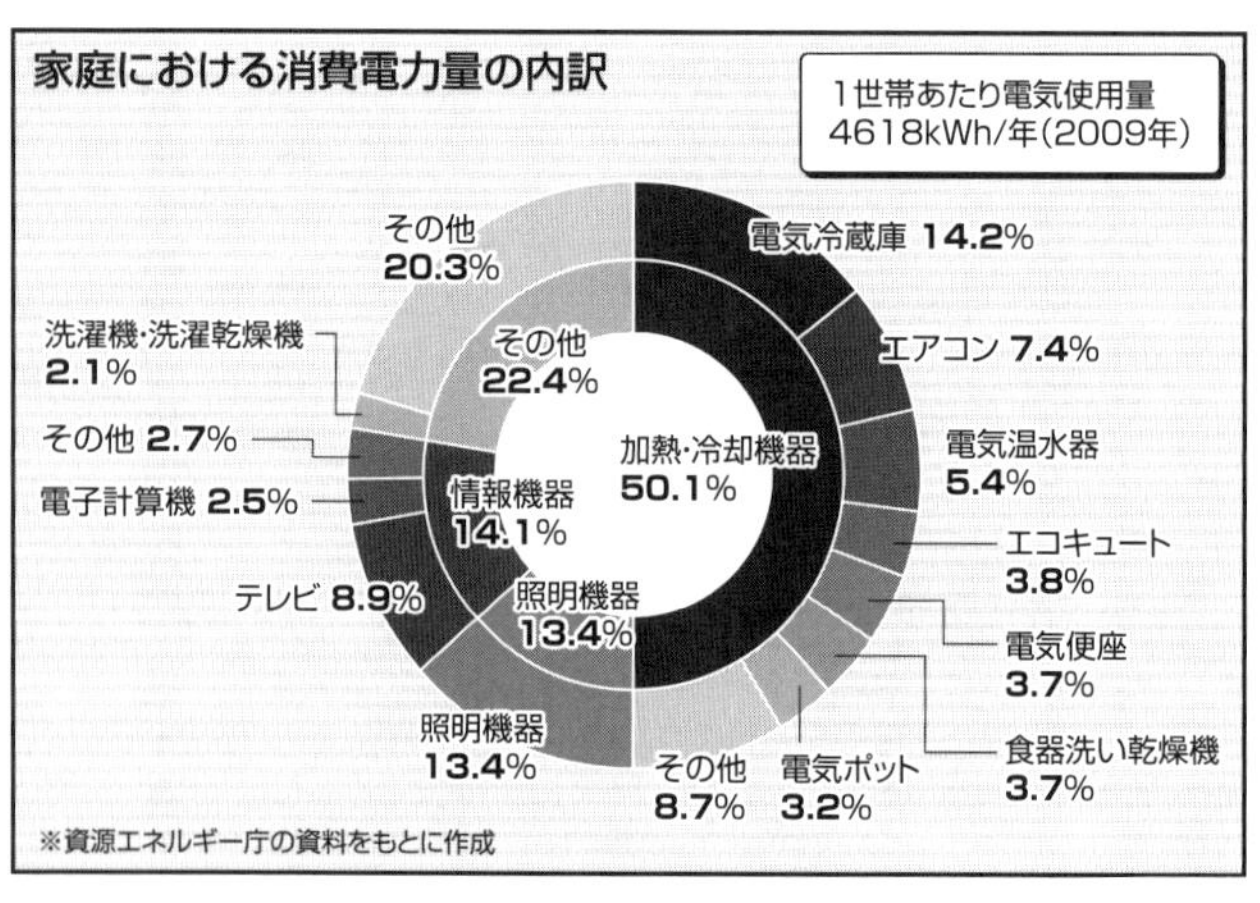

冷蔵庫、照明、テレビ、エアコンです。５つ目は温水器やエコキュートですね。

それともう一つはＩＴ、コンピュータ関係です。これは対策が簡単です。スイッチ付きコンセントを買ってきて入れてください。必要になる時にスイッチを入れればいい。実はこのＡＶとＩＴのほとんどの消費量が「待機電力」で、家庭の電力消費の９％を占めているんですよ。あとは給湯器を使わない時に消しておくこと、エアコンを使わない時季はコンセントを抜いておくことなどです。

そして〝四天王〟の次に電力消費するものとして「暖房便座」などがくるわけですが、実はこれらの家電分野で日本はものすごく省エネが進んでいます。１９９５年を１００として比べると、何とすべての品物が50%以下まで減っているんです。特に減らしているのが冷蔵庫です。何とマイナス97%、1995年と比べて今では3%しか消費をしません。これほどまで省エネが進んだら、古い品を後生大事に使ってはいけない。

買い替えてから5年も経たずに、1年4か月ほどで買い替え費用を安くなった電気代で取り戻せます。だから、省エネ以前の古い冷蔵庫については直ちに買い替えた方がいい。でもそれ以外の品物は「直ちに」ではなくて、買い替え時に省エネ製品を選ぶ、これが大事なことになりますね。

◆省エネをしてから電気を自給したほうが合理的

そこで、ぼくは地域の中で過去にこんなことをやってみました。先ほど「NPOバンクを運営している」という話をしましたが、この古い冷蔵庫をお持ちの方から「新しい省エネ冷蔵庫に買い替えたい、でもお金がないからどうしよう?」と言われて、「じゃあその分を融資しましょう」と伝えました。この頃は省エネ冷蔵庫が10万円だったので「10万円を貸しますので、毎年2万円ずつ5年間で返済してくださいね」ということで融資しました。

その人のケースでは、省エネ冷蔵庫に替えたら1年間に電気料金が2万7328円安く

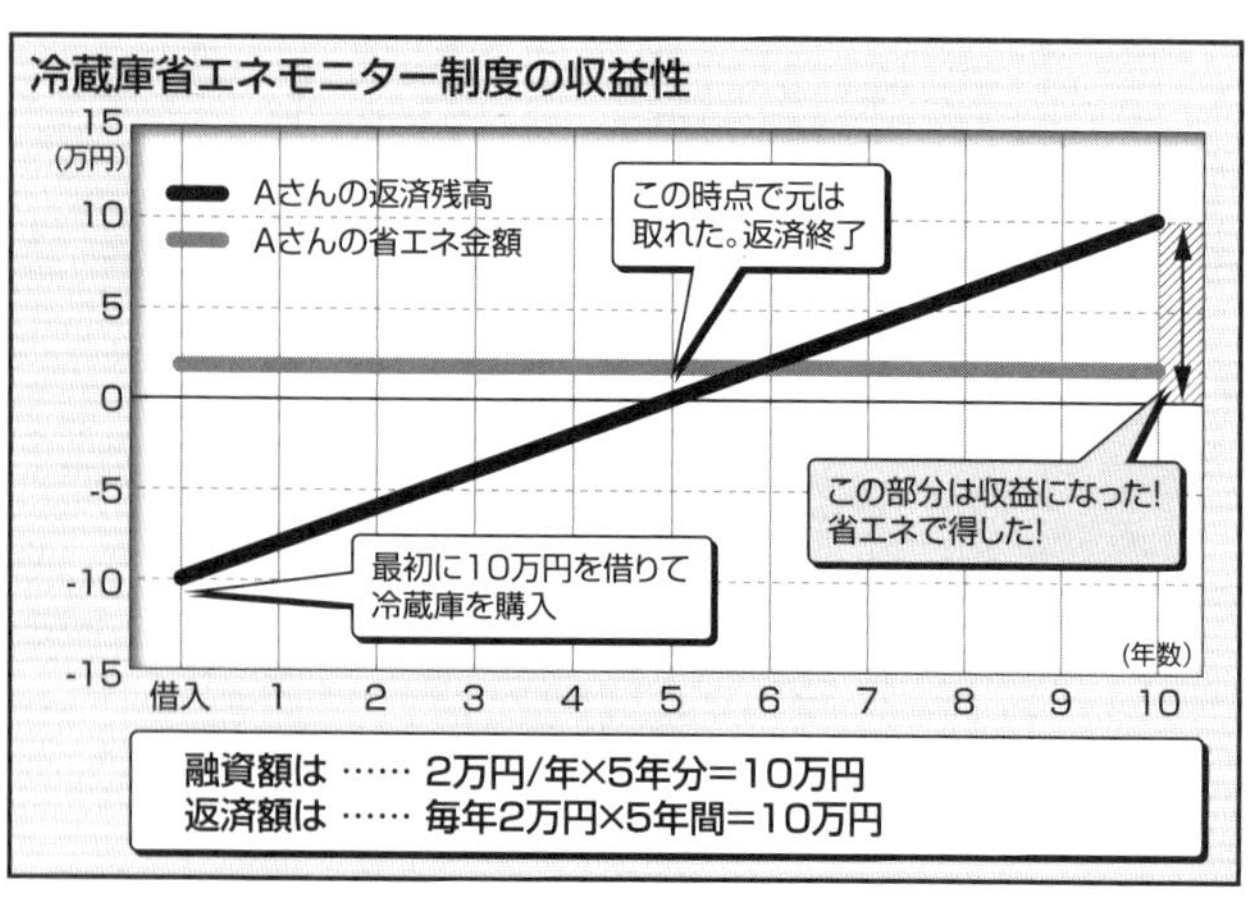

なるということがわかりました。その中から2万円だけ返してもらう。つまり、省エネで安くなった分よりも少ない金額を返してもらって、5年間で返済は全部終了です。そして融資を受けた人は7328円×5年分、得をしました。

冷蔵庫は一般的には12・7年使われています。ということは返済が終わった後の7・7年間は、毎年2万7328円安くなった電気料金を払うだけでいい。最初から最後まで得しかしていませんね。こういうことができたんです。

省エネ製品を入れることでとても重要なのは、その後に「電気を自給しちゃおう」と思ったときです。ぼくの岡山の自宅では、10年以上前から電力会社の送電線につながず、電気は自宅の太陽光で発電した電気をバッテリーに貯めて自給しています。

家庭で電力を自給する場合、バッテリーに3日分は電気を貯めておかなければならないのですが、省エネ製品で消費電力を抑えてから導入したほうが、そのバッテリーが小さくて済みます。今や太陽光発電パネル自体の値段は非常に下がっていて、まだまだ安くなります。だからバッテリー代を少なく済ませたかったら、省エネしてから電気を自給した方が合理的なんですね。

こうした例を見ていくと、「努力」とか「忍耐」がなければ省エネできないと言われていたのは本当なのか？　まったくウソじゃないかと思うわけです。

努力や忍耐といったら、みんな嫌な顔をして逃げてしまいます。でも「こうしたほうが得をしますよ」と言うと、それまで聞いていなかった人もピクッと耳を立てて振り返ります。得をしながらできる温暖化対策があるんだったら、そっちをどんどんやっていったほうがいいと思っています。

「儲かります」「得します」と人を引きつけながら二酸化炭素排出を減らすことは、現実に可能なんです。これは本当に家電メーカーさんのおかげでもあります。

でも、原子力発電所とオール電化は勘弁してほしいですが。

◆「ブルーベリーを国産に替える」だけで大幅に二酸化炭素を減らせる

さらに調べていってみると、ほかにも面白い温暖化対策が見つかります。先ほど「電気とガソリンの消費が、家庭の主な二酸化炭素排出源」と言いました。日常生活の心がけで二酸化炭素を減らすのに最も効果的なのはまず「自動車に乗らない」ということです。「往復8㎞の道のりを自動車から自転車などに替え」た場合、1800gの二酸化炭素排出を減らせるのです。

ところが、それ以上に減らせるものがありました。「アメリカから輸入したブルーベリー1200gを、長野産のブルーベリーに替える」と、輸送にかかるエネルギーは二酸化炭素換算でなんと2700gも減ることがわかったんです。輸入品を使わず、できるだけ国産のものを使えばそれだけ二酸化炭素排出を防ぐことができる。つまり「地産地消」が、家庭でできる最大の温暖化対策だったのです。

なぜこれほど減らすことができるのでしょうか。日本の二酸化炭素排出の大部分を占めるのは「発電」「産業」そして「運輸」です。地産地消を進めることによって、この運輸部門の二酸化炭素を大幅に減らすことができるからなんです。本当に大事なのは、何が原

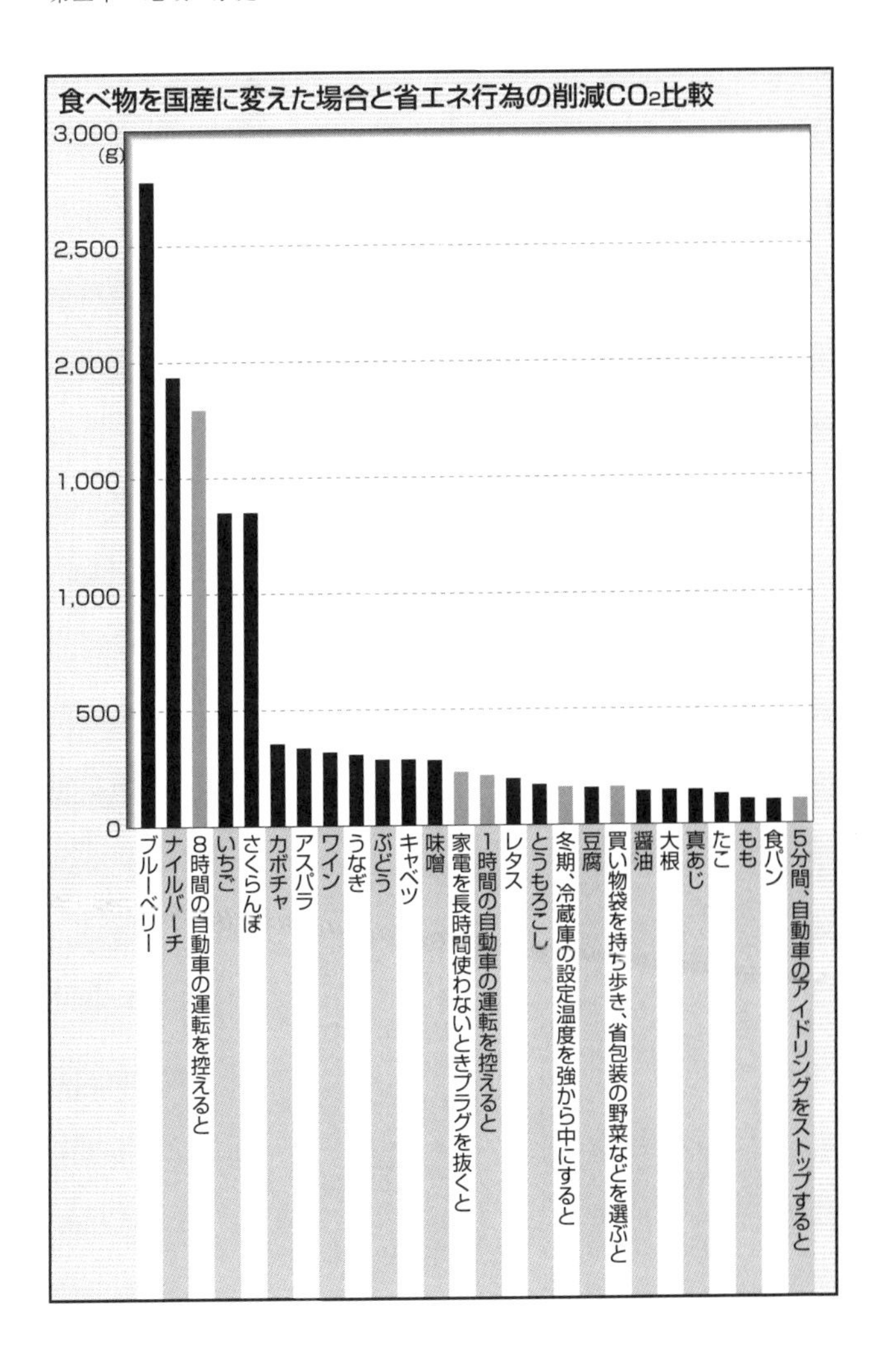
食べ物を国産に変えた場合と省エネ行為の削減CO_2比較
3,000
(g)
2,500
2,000
1,000
1,000
500
0
ブルーベリー
ナイルバーチ
8時間の自動車の運転を控えると
いちご
さくらんぼ
カボチャ
アスパラ
ワイン
うなぎ
ぶどう
キャベツ
味噌
家電を長時間使わないときプラグを抜くと
1時間の自動車の運転を控えると
レタス
とうもろこし
冬期、冷蔵庫の設定温度を強から中にすると
豆腐
買い物袋を持ち歩き、省包装の野菜などを選ぶと
醤油
大根
真あじ
たこ
もも
食パン
5分間、自動車のアイドリングをストップすると

因なのかを調べて、「その原因に対して自分たちは何ができるか、どういう仕組みを作ると効果的か」を考えることです。日本でも、一刻も早く「炭素税」などを導入して、長距離輸送時の二酸化炭素排出に課税する仕組みを作るべきですね。

◆電気を安く自給できるシステムができてきている

家庭が出す二酸化炭素を減らすために、ぼくは2015年に岡山の家を建て替えました。省エネがきちんとでき、なおかつ家に化学物質を一切入れない、ベニヤ板も接着剤も一切使わない、300年もつような造りの小さな住宅を建てました。その省エネ性能が優れているおかげで電気消費も少ないし、快適に暮らせています。

そこに太陽光発電を設置して、発電した電気をバッテリーにプールして暮らしています。この時、ぼくの家に入れた1台目のバッテリーと太陽光発電パネルのセットは、非常に高かった。世界最高の性能を持ってはいますが、値段が高かったんですね。

だけど今は、性能は落ちるんだけど非常に安いセットができています。「自エネ組」という自給エネルギーを普及させようとしているチームがありまして、そこが「電気を自給していく仕組みを作ろう」と、中古のリチウムイオンバッテリーで鉛のフォークリフト用のバッテリーをずらっと並べて電気を貯めるシステムを作りました。これもぼくの家にも導入して、２つ目の仕組みを入れてあります。

もともと最初に入れた自給システムは８００万円しましたけれども、２つ目の仕組みはかなり安いです。ほぼフルセットの値段で90万円ほどでした。太陽光発電ですから全国どこでもできるのですが、日本海側など冬場に晴れない地方の方は冬場の電気が足りなくなる。だから寒い地方では別な発電方法を入れていかなければなりません。

水の流れを利用して水力発電したり、通常の倍ほどの太陽光発電を雪が貯まらないように並べたり。もしくは冬場は暖房をずっと使いますから、ストーブに発電機を組み込むなどの仕組みを作っていかないと、冬の電気の自給ができません。そういうことをやっていけば、寒い地域でも自給していくことができるようになると思います。

◆我が家の二酸化炭素排出量は、一般家庭の約2割に！

さらに我が家では太陽光温水器を入れました。これは非常に効率がいい。ガス代が夏場は3分の1まで下がりました。さらに我が家では「ペレットストーブ」を入れています。木材をきゅっと固めたものを「ペレット」と言いますが、これは木材に含まれる「リグニン」という物質が熱で融解し固着することによって作られます。

この仕組みを作ったのが新潟にある「新越ワークス」の製品です。同社が作ったペレットストーブを2台、我が家では使っています。日本のペレットストーブには、それまでろくなものがありませんでした。その中で、世界で一番効率の良い物をつくってくれたのが、その事業を最初に立ち上げた古川正司さんでした。燃料となるペレットには、もともとゴミである木材カスを使用しています。輸入品でなく地域の木くずを使えば二酸化炭素排出のカウントもゼロですし、これが使われることで地域にお金が回っていきます。

そしてその結果、我が家の今の二酸化炭素排出量は、一般家庭の平均と比べて信じられないほど減りました。一般家庭のマイナス78％まで減らすことが現実にできています。そもそも事業系を抜いた「家庭の二酸化炭素排出量」だけで言えば、マイナス45％が達成できればいいのです。我が家はやりすぎですね。でも「産業の二酸化炭素排出量」を減らさなければ人類は生き残れませんが。

あと自動車も二酸化炭素排出量が大きく、ぼくは燃費の良いものに買い替えたのですが、たまたまマツダ自動車が極めて低公害なディーゼル車を開発したのでそれを買いました。ディーゼル車は普通軽油を使いますが、もう一つ使える燃料があります。それは廃食用油から作った「バイオディーゼル」。一般的に販売されていませんが、これを使えるようになればさらに減らすことができます。そうすればもう、わざわざ戦争をしてまで石油を持ってきてもらう必要がありません。こういう形にすることが可能だということですね。

◆やっと温暖化解決の道が見えてきた

日々の現代的な生活を見直してみると、今まで我々は石油社会にどっぷり浸かりすぎていたことに気づきます。イラク戦争を起こしたかつてのブッシュ大統領に「イラク兵を100万人殺しちゃったけれども、石油を持ってきてやったよ」と言われて、いろいろな用途に使われる石油代の支払いのために人々が働かされるという形だった。つまり「石油に酷使される社会」だったわけですが、これが自然エネルギーになると変わるんですよ。それぞれの地域に合ったエネルギーを、その地域で生み出すことができるようになります。

我が家では夏場は「どうしよう、今日も電気が余っちゃう」ということになって、「じゃあ電動草刈り機を買って草刈りをしようか」とか、「電動のこぎりを買ってきて何か工作しようか」とか、あげくには「エアコンを買ってきて家の中を冷房しとこうか」とやっていたんですね。今ではふんだんにある自給した電気を使って、夏場は毎日エアコンを使っています（原稿を書いている今もです！）。

そうすると、エネルギーがあるから「自ら好き好んで働く」形になります。「今さら原始時代には戻れないのだから、石油は必要だ」という人もいますが、そんなものに頼らずとも、現代的な生活を快適に送れるようになるのです。

かつては「上から下へ」の社会で、石油社会を続けるには戦争に強い国でなければならなかった。ところが自然エネルギー、エネルギー自給の社会では、「下から上」の社会になるんですね。いまぼくたちは、その真ん中の位置にいるんです。「石油社会のままでいるか、自然エネルギー社会に移行するか」という位置にいます。ヨーロッパ諸国などはすでに「自然エネルギーに移行しよう」と決めています。

そしてこれからは、国家の実力よりも地域の実力のほうがはるかに重要になっていきます。とはいえ、新たな社会に移ることを選択したとしても、やはりいろいろな問題が出てきます。

例えば「自然エネルギーでお金儲けをしちゃえ」みたいな人たちがたくさんいて、役にも立たない太陽光発電をあちこちにつけたり、「メガソーラー」を建設したりする……。それって、送電ロスを考えていないでしょ？　送電ロスを考えたら、そんな低い電圧の電線に電気をつないだら、送電する前に全部電気が消えてしまいます。

そして「送電線」を使おうとすると、今の送電線の仕組みは「上から下へ」のピラミッドになっているんです。「送電網（グリッド）」と言って、これにつながると電力会社に支配されてしまいます。でも送電網を離れたら、日本最大の二酸化炭素排出源である「エネルギー転換部門」、つまり化石燃料を電気に変換する電力会社から離れられるのです。

だから、その送電線の仕組みを変えずに自然エネルギーに変えたとしても、送電網を離れない限り、新たな利権を作ってしまいます。原子力発電所の代わりに環境を破壊して「メガソーラー」や巨大風力発電所を造っても意味がないでしょう？　つまり地域や家庭を、従来の送電網から切り離していくことが必要です。社会を「下から上」の仕組みに変えていかないと解決はできないと思うんです。

これが、本書でいちばん言いたい部分です。「地球温暖化は、本気でやれば必ず解決できる」。我々は、そのことが可能な位置に立っています。そして、世の中に必要なエネルギーは石油や原子力でなくてもいいという時代がやっと来ようとしています。

我が家は、水も井戸を使うことによってまかなっています。水道管とはつながっていません。中国電力の電線にもつながっていません。ＮＴＴの電話線にもつながっていません。

だけど、十分に現代的な暮らしをしていけるんですね。そしてこれから先、「次の未来をどうやって作るか？」というのが我々の課題になってきました。

「知恵を一生懸命しぼっていくことで、次の時代を作っていくことができるかどうか、その境目にいるんだ」と思います。地球温暖化の問題は、数年前まではぼくも根本的な解決策があるとは思っていませんでした。「もうダメだ、人類は滅びる」と思っていました。

次章以降で説明していきますが、こうした地域や家庭での対策に加えて、二つの大きな温暖化対策による解決の道筋が見えてきました。こういう時代を私たちは楽しんで解決することができる。そのことが非常に大きなことではないかと思っています。

コラム2

「持続可能」とはとても言えないパーム油バイオマス発電の闇

◆いたる所で使われている「パーム油」

現在、世界で最も多く消費されている植物油脂は、「パーム油」です。その原料となっているのは「油やし」。英語で言うと「オイルパーム」で、採れる油が「パームオイル」。時には「パームやし」などとも呼ばれています。

この油やしから採れる油の量はけた違いに多く、単位面積当たりの収量は大豆種の7倍、菜種の3・2倍に上ります。しかも油やしは、採れる油の種類が多いのです。本体の種を精製すると、透明な油（食品用）と、どろどろした油（工業用）が採れます。さらに、種の中に入った実（梅干しでいう「天神様」）の部分からは、ココヤシ油に似た油が採れ、しかもどちらも価格が安い。おかげで、他の油を取るための作物と入れ替わってしまうのです。

それだけなら結構な話ですが、それだけに終わりません。世界一生産量が多く、安く、しかも用途が広い。しかも精製後は「無味・無臭・無色」になるため、他の油に混ぜ込まれてもわからず、用途の全体像がつかめないのです。

多くは「植物油」という分類の中に隠されてしまいます。いったい、どの油とブレンドされているのだろうかということがわからないのです。外食やお菓子、お惣菜を買った場合には、「使われていないことはない」とまで言われています。

ある時、「生活クラブ生協」に「パーム油を使ったものは、取り扱わないようにできないのでしょうか」と相談してみたことがあります。「食品のいたる所に入っていて、使わないのは不可能」だと言われました（今はわかりませんが）。より安全なものを扱う「生活クラブ生協」ですらそうなのですから、他は推して知るべしです。

◆一生抜け出すことのできない〝緑の監獄〟

安くて安定供給できて低価格なら、その何が問題なのか？　ぼくは「油やしプランテーションが熱帯林を破壊している」という話を聞いて（左ページ図参照）、その実態が知りたくて1994年にマレーシアに調査に出かけています。その頃はマレーシ

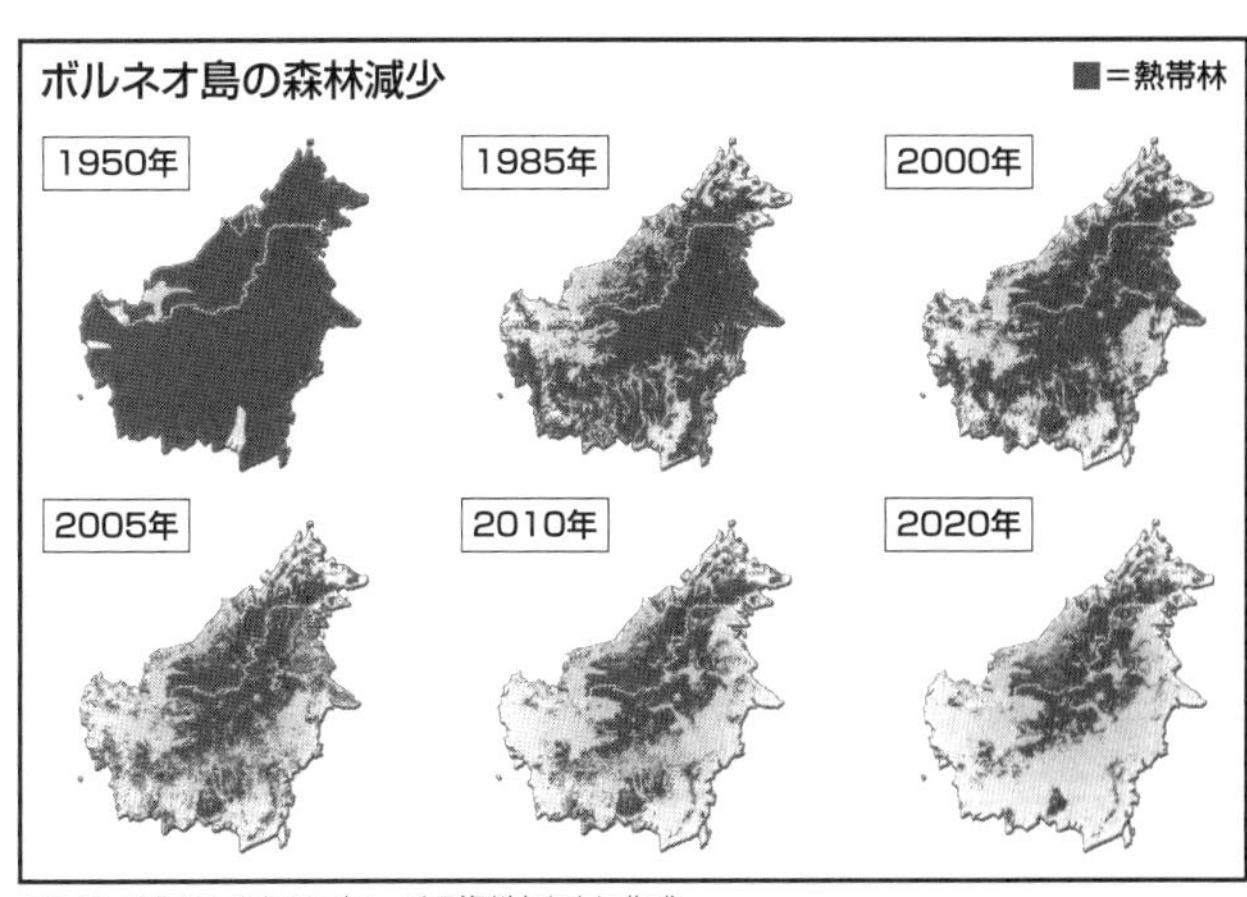

※FoE JAPAN／メコン・ウォッチの資料をもとに作成

アが油やしの最大生産国で、世界で独り勝ちしている状態。今はインドネシアが世界第1位、マレーシアが第2位です。

マレーシアのプランテーションで働いている人たちは、ほとんどがインドネシア人でした。インドネシアはマレーシアより賃金が安いため、多くの労働者がビザを持たずに入ってきていた。その人たちは、稀にマレーシア政府が行う「不法入国者の一斉検挙」に怯えながら働いていた。しかしマレーシア政府も、インドネシア人労働者なしにプランテーションが成り立たないことを知っていたからか、厳格な取り締まりまではしていないようでした。

彼らの多くは、他に行く場所がなかった。もし工場で働くことができたなら、その方が稼げる。しかしそれは不法移民にはできません。さらに気の毒なのは、働き手だけではなく家族総出で働かなければならないということでした。

農薬を撒いたり除草をしたりすることは「軽作業」に分類され、女性の仕事でした。散った油やしの種を拾い集める細々とした仕事と、切り落とした枝を片づけるのは、子どもの仕事。子どもたちは家族と一緒に働けるので楽しそうにしていました。

しかし、子どもたちは学校に通うことができません。油やしは切り落としてから24時間以内に精製しないと良い油になりません。ところが、その製油工場一つを稼働させるためには、日本で言うと市町村一つ分の森がすべて油やしのプランテーションになるくらいの大規模でないと精製工場が操業できません。

その広大な油やしプランテーション内に暮らしている子どもたちは、学校に行くことができません。労働者たちは「子どもは学校に行かせたいと思っているよ。でも、今の給料じゃとても通わせられないんだ」と答えました。彼らはさらに「子どもにも働いてもらわないと、経済的に無理だ」と何度も言いました。

彼らの子どもたちは教育を十分に受けていないので、大人になっても他で働くこと

プランテーションの泥炭地から流れ出る酸性度の高い川（筆者撮影）

は困難になります。すると結局これまで働いたことのあるプランテーションで働くしかなく、同じプランテーション内の誰かと結婚し、そこで次の世代を作るということになります。

その世代もまた同じです。プランテーション内でずっと暮らしていて、さほど遠くない街にさえ出たことがない人がたくさんいました。これを称して「〝緑の監獄〟だ」と彼らは言います。プランテーション外へ出ることなく、一生働き続けなくてはならない。労働者の中には、マレーシア国籍の人もいました。ただし彼らの多くは、他で働くことが困難な先住民の人たちでした。彼らも、〝緑の監獄〟に閉じ込められるように暮らしていました。

「野菜だけでも育てたらどうか」と聞いてみると、「プランテーション内では耕すことが許されない」と言います。〝緑の監獄〟では、上司たちが外国から来ている私たちを監視していました。労働者たちも、監視されているとうかつなことは言えません。みな人柄が良く、親切にもしてくれましたが、その監視の中での毎日は重く暗いものでした。

◆再生可能エネルギーを潰す「バイオマス」の虚構

その油やしを原料としたパーム油が、今や日本で新たな「バイオマス発電」として広がろうとしています。「バイオマス」とは、「動植物から生まれた、再利用可能な有機性の資源（石油などの化石燃料を除く）」のことです。確かに有機物ではあるのですが、これを広げていったら温暖化対策になるのかどうかについては疑問です。

岡山県に住んでいるぼくは中国地方のニュースを見ることが多いのですが、2020年10月のある日、鳥取県境港市にパーム油を利用したバイオマス発電所が建てられることになり、起工式が行われるとのニュースを見ました。しかしパーム油発電所といえば、宮城県角田市で事業中止を求める住民運動が起きて2021年5月に稼働停止、京都府の福知山市や舞鶴市でも建設計画が中止となっています。

境港市のパーム油発電所について調べてみると、数社が何基もの発電所を建てるということがわかりました。しかもどれもFIT（再生可能エネルギーの固定価格買取制度）目当て。高い固定価格で買ってもらえるから、安心して進めているのでしょう。

しかも「容量市場」（将来の電力供給を取引する市場）が2024年に本格スタートします。ということは、発電した電気もさらに高く買ってもらえるチャンスになります。天候に左右される太陽光や風力などは発電量が安定しませんから、安定的に発電して電気を補完するための「発電容量」の分だけ建てようとします。その発電所の費用は送電線を利用する者、つまり電気代は新電力会社に負担させようという仕組みです。

そのパーム油発電所は、やしの実の外殻や油を抜いた後の残りかすから作るというのですが、それをFITを利用して売るのですから、FITの仕組みと同じように送電網（グリッド）につなぐことになります。敵のくせに、味方の顔をして近づいてくるのです。

◆パーム油発電は、温暖化対策とはいえない

もしそれが地球温暖化を防止する効果があるのなら、百歩譲って導入するのも仕方がないことかもしれません。しかしこれについては、政府の「総合資源エネルギー調査会　省エネルギー・新エネルギー分科会 新エネルギー小委員会　バイオマス持続可能性ワーキンググループ」なるものの報告書で決着がついている話です。

というのは、パーム油であっても「泥炭地（酸性度が高い湿地帯で、木材などの有機物が分解せずに炭化して残っているような土地）」では、それに火が点いて燃えるために、かえって温暖化を進めてしまうのです。

現に油やし生産がさかんなインドネシアの二酸化炭素排出量は、中国・アメリカに次いで世界第3位。加えてパーム油を絞った後の排水処理を怠っている場合が多いために、二酸化炭素の25倍も温室効果のあるメタンガスを発生させてしまうことも多いのです。その結果、よく管理された場合でも「天然ガスコンバインドサイクル発電所並み」の温室効果を発生させ、悪ければ「石炭火力発電所並み」に温暖化を促進してしまいます。つまり、化石燃料を燃やすのを止めていこうとしたのに、石油などを使

ヤシ油の精製工場。一年中稼働するためには市町村一つ分のプランテーションを必要とする（筆者撮影）

った場合よりも温室効果ガスを出してしまうわけです。

これでは「再生可能エネルギー」などとはとても呼べません。それが日本の馬鹿な制度の下で推進されそうになっているのです。それだけではありません。上に述べた「泥炭地（酸性度が高くて木材などが分解せずに残っているような湿地）」では、そうではない土地と比べて、その泥炭が分解することによって139倍も温室効果ガスを排出するのです。

こんなものは地球温暖化対策とは言えません。それなのにFITによって高値で買い取られてしまう。その財源は、一般利用者の電気料金に上乗せされている「再生エネルギー等促進賦課金」です。これこそ最も早急に変革されなければなりません。

しかし、パーム油によるバイオマス発電をしようとする事業者側も、批判によって事業が中止にされることを危惧しているからなのか、こう謳っています。

「当社では、事業計画策定ガイドラインの目的、RSPO（持続可能なパーム油のための国際規格）の持続可能なパーム油の生産と利用を促進することを目的とした取り組み、パーム油最大産油国のパーム油生産・流通を制度化した認証基準（MSPO）マレーシア、（ISPO）インドネシアなど、パーム油に関する問題の解決に向けた世界的な動向に賛成しています」（明和エンジニアリングのウェブサイトより）

ところが、これらは民間企業や各国政府が作成した認定基準で、信頼性の高いものではありません。

パーム油輸出国第1位のインドネシア、第2位のマレーシアとしては、主要な輸出品であるパーム油生産側に厳しい認定基準はつくれない。これについてNGOの「FoE JAPAN」は以下のようなことを問題点として挙げています。

●認証機関に対するトレーニングができていない。ガイダンスの作成等ができていない

- ●社会環境配慮アセスメントのガイダンスが弱い
- ●新地開拓プロセス・新地開拓後のコンサルテーションが弱い
- ●ＥＰＩＣ（自由意思による、事前の、十分な情報に基づく同意）のガイドラインが弱い
- ●不正行為の確認・制裁が弱い
- ●苦情申し立てシステムが弱い

さらにこの認証制度には抜け穴もあります。「ＲＳＰＯは、森林を伐採してそこに油やしプランテーションを作るのは規制するものの、すでに農地となったところをプランテーションに転用することは規制していない。つまり、森を開拓してキャッサバ畑などにし、キャッサバ畑を油やしのプランテーションにすれば、ＲＳＰＯ認証を得られる」（ＦｏＥ　ＪＡＰＡＮ）というのです。

もしこの批判をその通り受けとめれば、この認証は「グリーンウォッシュ」（環境に配慮しているように装いごまかすこと）ではないかとの疑問が湧いてきます。

さらに「食べ物を燃料にするな」という抵抗感も大きいため、パーム油発電の事業者側は「燃やすのはパーム油そのものではなく、パームの実の残り部分（ＰＨＳ）や

油やしの植林のために破壊された熱帯林（筆者撮影）

燃やせない残り部分（EFB）を燃料にしているから問題ない」と説明しています。

しかしそれでも、原料を遠方に輸送する過程で排出する二酸化炭素が多いことや、地球の貴重な財産であるはずの熱帯林がどんどん壊されてしまっているということには変わりありません。油やしプランテーションの開発で、森は破壊され、木々は燃やされ、生物は生きる場所を奪われているのです。パーム油発電では、残念ながら温室効果ガスの排出量は減ることはなく、地球温暖化は止まりません。このまま進行させていいものでしょうか。

第四章

送電網（グリッド）から自由になり、地域で発電・蓄電しよう

◆発電所から各家庭に電気が行くまでには、莫大な「送電ロス」がある

先日、若い学生さんたちへのミニ講演会を不意に頼まれました。少人数だし、地球温暖化について若い人たちに知ってほしいと思っていたので快く承諾しました。

そこで話した内容というのは、「木材を炭化して土に埋設して炭素貯蔵させる方法」と、「地域での電力供給の話」でした。土への炭素貯蔵については、次の章で説明します。ここでは、地域の電力供給をどのように変えれば地球温暖化を防げるかについて話したいと思います。

二章で、温暖化を促進している最大の犯人は、化石燃料を燃やす火力発電所だという話をしました。でも、人々は未だにこの火力発電所を放置しています。「自分たちの使う電気を作ってもらっているから……」という弱みのせいかもしれないし、緩慢に進んでいく危機なので実感しにくいせいなのかもしれません。

まずは、今の送電網（グリッド）の仕組みを見ていきましょう。電気は私たちの所に届くまで、超高電圧の電力を低圧電力に変圧しながら送られてきます。

まるっきり中央集権型の、上位下達の仕組みで送られてくるんですね。この頂点にいる

のが原子力発電所などの大型発電所で、そこから「下へ下へ」と送られます。なぜかというと「電力＝電圧×電流」なので、電圧が高ければ電流は低くていいことになって、送電ロスが少なくなるからです。

そして、送電中の電力損失は熱となって失われます。その失われる熱量は「熱量＝電流の二乗×抵抗×時間」によって決まります。抵抗と時間が同じであれば、電力損失は「電流の二乗に比例する」ことになります。つまり「損失の量は電流の二乗に比例する」から、電圧が高ければその二乗分も電力損失を少なくできる。しかも直流ではなく交流であれば変電が楽にできるというわけです。

中部電力が以前、ウェブサイトに送電ロスの図を掲げていたことがあります（今は消されています）。それをもとにして、次ページのような図を作ってみました。50万ボルトの超高圧線から6600ボルトの電信柱の上の変圧器まで、そして100ボルトに変圧されて各家庭まで運ばれる過程での送電ロスの比率を描いたものです。

50万ボルトの超高圧線での送電ロスを1とすると、6600ボルトの高圧線の時点ですでに5739倍の送電ロスがあるんですね。電圧を下げれば下げるほど、とんでもなく送電ロスが大きくなることがわかります。そして私たちが使う100ボルトの電気にするに

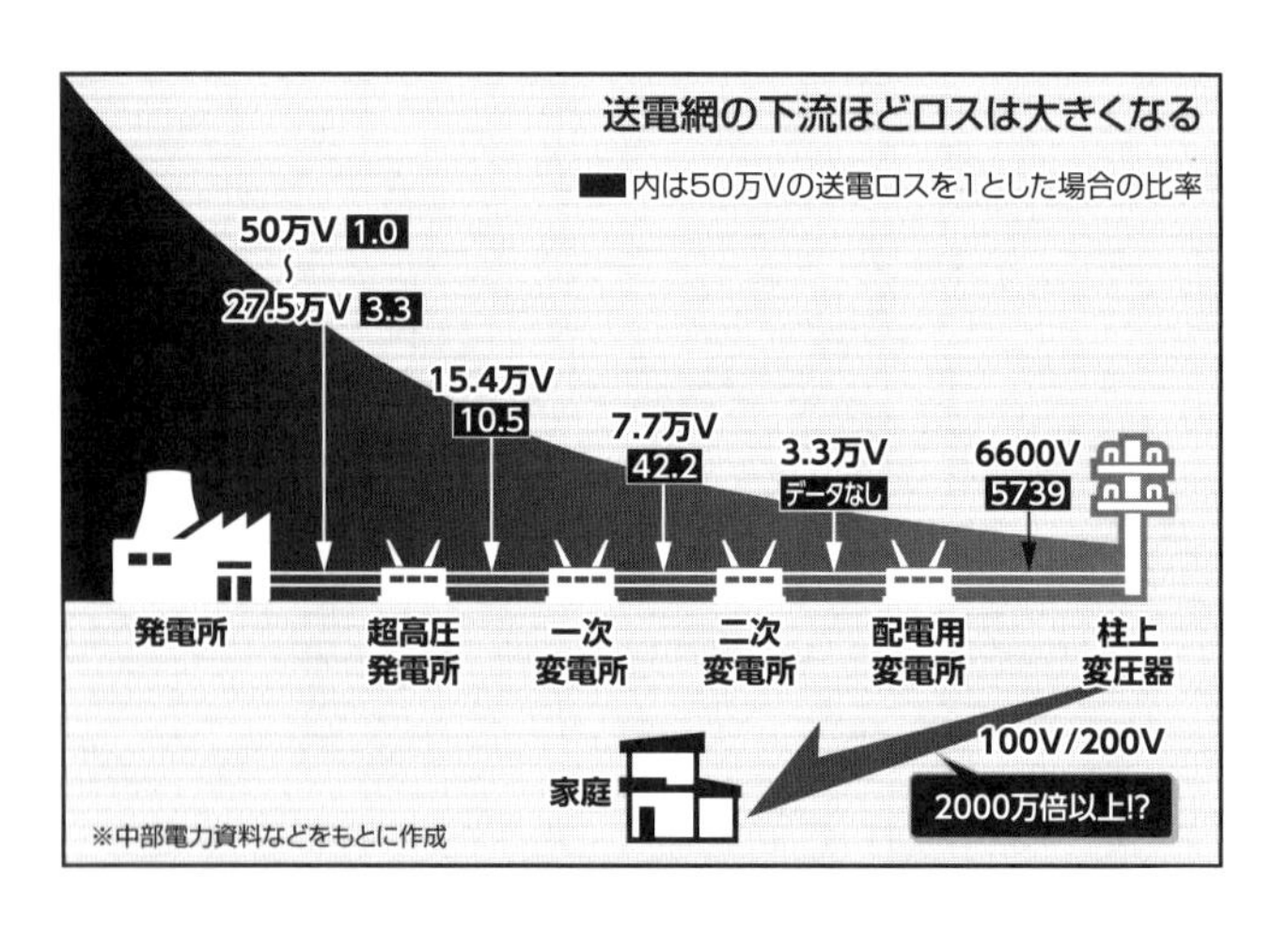

は、電信柱の変圧器でさらに電圧を下げることになります。

それでは家庭で使う100ボルトの電気に下げると、どれほど送電ロスするのでしょうか。これが莫大になることは想像できますが、中部電力の資料にはそこまで書かれていません。そこで自分で対数グラフを使って推定値を出してみました。

すると「50万ボルトの超高圧線の送電ロス」と比べて、約2000万倍以上も送電ロスが大きくなる計算になります。するとこれはなんと、電信柱の上のトランスからほんの2㎞も送電するだけで、ほぼすべて送電ロスでなくなってしまうことになります。

◆〝ムダな発電〟を生み出す再生可能エネルギー固定価格買取制度（ＦＩＴ）

再生可能エネルギーからの電気の固定価格買取制度（Feed In Tariff＝ＦＩＴ）が成立して、太陽光発電装置などを設置した人は電気を高値で売ることによって利益を得ることができるようになりました。

この制度は、太陽光発電、風力発電、水力発電、地熱発電、バイオマス発電といった再生可能エネルギーによる発電の普及を目的とした制度で、２０１２年に制定されました。再生可能エネルギーによって発電された電気を、地域の電力会社（東京電力など）が一定期間、火力や原子力による電気よりも高い価格で買い取ることを義務づけています。

企業が再生可能エネルギーを導入しやすい環境や、住宅に太陽光発電設備を設置するメリットを生むことで、再生可能エネルギーの普及を目指したのです。地域の電力会社が高く買い取るための費用は、電気料金に上乗せされた「再生可能エネルギー発電促進賦課金」（再エネ賦課金）として徴収されています。つまり、電力消費者が再生可能エネルギー普及のためのコストを支払っているのです。

ところが各家庭などで発電した電気は１００ボルトの送電線を通して売っているので、

ほとんど使えていなかった可能性があります。メーターは発電装置のすぐ近くに設置されるので発電量は正当ですが、消費は電力をロスしながら運ばれたずっと先にあるので、全体量でしかわかりません。

近所の家庭にはその電気が混ざって送られたのでしょうけど、陽が陰ると発電量は瞬時に（例えば10分の1に）減ってしまいます。そのために電流が不安定になって、家電製品などを損傷していた可能性もあります。家電製品はタフに作られるので、すぐには壊れないでしょうが、寿命を短くしているかもしれません。

このＦＩＴというのは、なんとも良くない制度ですね。売電した人だけは高く売れて儲かったのかもしれませんが、ほかの消費者は負担させられるばかり。こんな仕組みでは「自然エネルギーを従来の発電の代替にする」なんてできっこない。送電網にちょこっと紛れ込んで、送電の邪魔をしているに過ぎないんじゃないでしょうか。

だから我が家は、太陽光発電を入れても売電はしませんでした。バッテリーを入れて貯めておく仕組みにしました。ぼくたちが願ってきた「太陽光発電などの自然エネルギーで少しでも多くの電気を作り出していきたい」という試みは、少しも実現されていなかったのです。この仕組みのもとでは、人々の努力は改善につながらない。多くが〝ムダな発電〟になっていると気づいたんですね。

ぼくがこう主張すると、自然エネルギーを推進する市民団体などから猛烈な批判を受けました。再生可能エネルギーの優遇買取が進んでからは、「自然エネルギーの推進を妨げ、その利益を失わせる者」としてさんざん非難されたんですね。しかしぼくの主張の内容に対しては、核心をついた批判はありませんでした。とにかく「太陽光発電で売電をしている人たちの利益を妨げること」に批判が集中していたんです。ほんのわずかな収入でも、自分の「利権」を守ろうとするという意味では、電力会社と変わらなかったんです。

◆自然エネルギーは、今の発送電の仕組みに頼っていてはいけない

直流ではなく交流で電圧を下げることは難しくありませんから、上位下達の送電網の仕組みは電力会社にとっては役に立つものです。ただそれは「落穂拾い」のように各地の自然エネルギー発電からの小さな電気を拾い集めることには向かない。それらが送電網に接続することは電力会社にとっては邪魔ですが、自然エネルギー関係者にかすかな利権を与えて電力会社への不満を抑えることに役立ったのです。

こんなもので送電システムへの批判を黙らされていたのでは、既存の発電所が二酸化炭

素の40%を排出していることを、微塵も変えられません。相変わらず電気はどこか遠くの過疎地から届けられて、人々は何の疑問もなく使い続けています。超高圧送電線を通して電気が送られ、低圧にされて各家庭に送り届けられる仕組みのままです。しかもその送電コストは家庭の電気料金に上乗せされ、そこから電力会社は利益を取っています。

ぼくはかつて、自然エネルギーの普及に賛成して活動していました。しかしそれを普及させる仕組みは、既存の電力会社に利益を与える仕組みにされて、人々に余分な負担をさせることになってしまった。今はこの中央集権の送電網に頼る仕組みのままではダメだと思っています。電気は各地域で生まれて、各地域で消費されるべきものです。

今の発送電の仕組みは、市民や家庭のためのものではありません。ただただ送電ロスを下げることと、変圧を簡単にすることを考えて作られたものです。このグリッドシステムのままでは中央集権の構造は変えられません。ぼくたちに必要なのは「電気」なのであって、それを使うためには必ずしも「送電線」で運ばなければならないということはないのです。

我が家では、バッテリーを入れて自給自足しています。ぼくは岡山で家を建て替える1年間、リチウムイオンバッテリーに電気を蓄電したまま放置してみました。1年後、建て

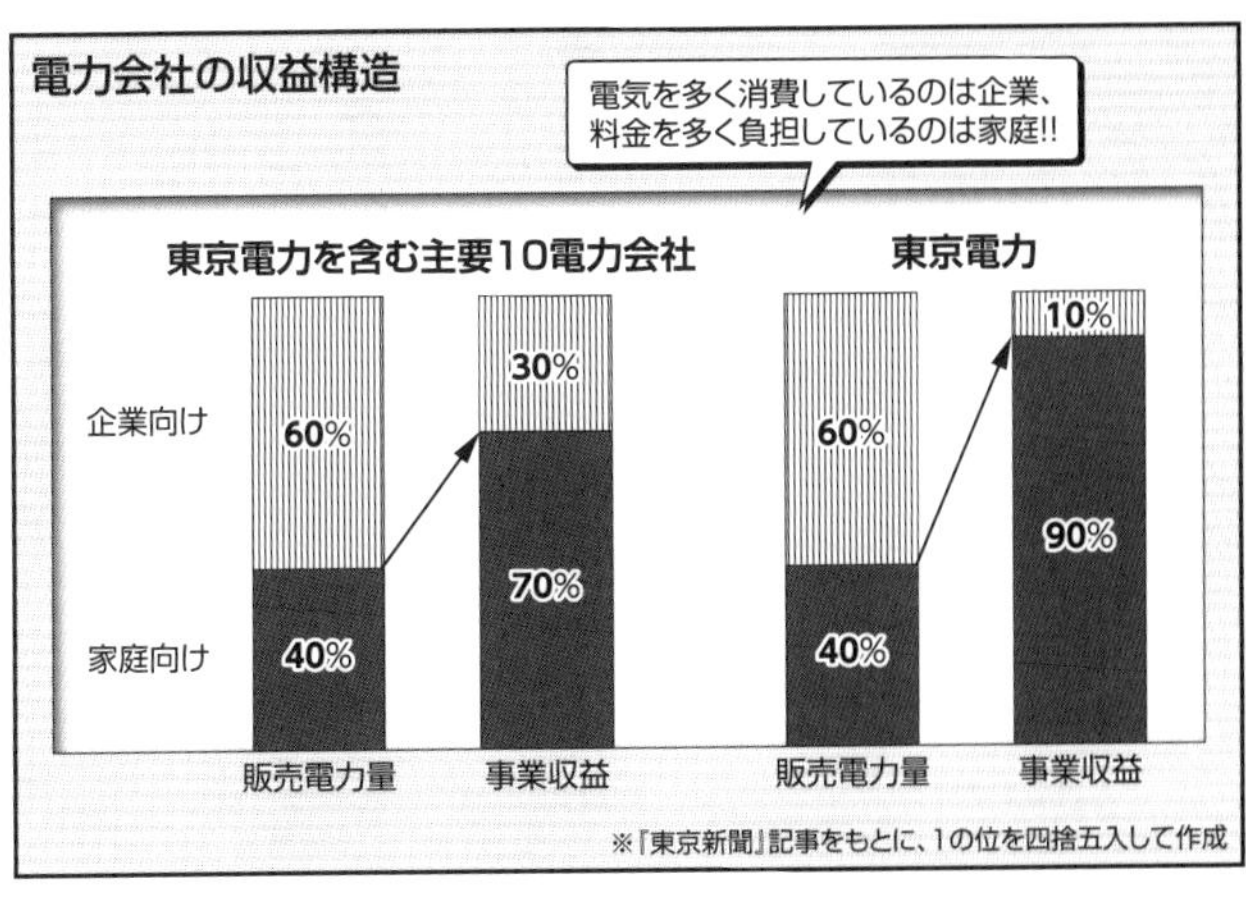

替え終えて家に電気をつないでみると、97％の電気が残っていた。なんと、1年間にわずか約3％しか減っていなかったんです。これまでは「電気は消えてしまうから蓄電は難しい」と考えていたのですが、それは逆だった。送電するよりも、その場に蓄電したほうがロスは少ないということがわかりました。

ということは、発電したらすぐに送電する必要はないということになります。各地で生み出した少量の電気も、蓄電しておけばロスが少なく後で使えるということです。いま、電気は蓄電せずに高圧線で送電する仕組みになっています。しかし発想を変えて、各地に貯めて使えばいいのです。

いまの送電の仕組みは、高圧のまま電気を使う産業に、ほんの少しだけ電気を使う家庭を無理につなげた仕組みになっています。契約件数で比べると、高圧送電のまま届く事業者などの「高圧需要家」が2％で、残りの98％が「低圧需要家」、つまり低圧電力を利用する家庭や定額電灯契約です。

ところが、この2％の高圧電力需要家が電力全体の60％を消費するというのに、その料金負担は逆になっています。低圧需要家が料金の90％を負担し、高圧需要家は10％しか払っていないんです（前ページ図参照）。

◆新電力の電気代が高騰する理由とは

「あのババアからカネをまきあげてやる！」

すみません、突然（笑）。

これは、米国でも有数の総合エネルギー企業「エンロン」の破綻を描いたドキュメンタリー映画（『エンロン 巨大企業はいかにして崩壊したのか？』2005年、アレックス・ギブニー監督）の中で、価格を操作していたエンロンのトレーダーたちの電話を録音した音声です。

報告書を読んでみると、どれもエンロンをひどい悪徳企業のように書いています。突然の破綻の前までは世界で賞賛されていた企業なのに、まるでどこまでも悪く言っていいかのようで「不道徳で悪魔のような会社」が起こした、特殊なできごとのように語られているんですね。

でも、エンロンが電気料金を不当に値上げして莫大な利益を手にしていた時、どんなことをしていたのかはあまり語られていません。正直言って、いま日本で起こっている「卸電力取引所（ＪＥＰＸ）の市場価格」の高騰に対して、日本の既存の電力会社がしていることとエンロンの行った手法が類似しているんです。ここでは混同すると面倒なので、独占体制の中にあった（沖縄電力を含めて）既存の10電力会社を「旧電力」と呼び、新たに参入した電力小売りを行う会社を「新電力」と呼ぶことにしましょう。

このことがよくわかる新聞記事を見つけました。『「電気代8万円、ぎゃー」利用者衝撃　新電力料金急騰、想定外　背景にＬＮＧ不足』という『中国新聞』（２０２１年３月２日付）の記事です。

※　　※　　※　　※

「電気代が8万円になりました。ぎゃー」。
編集局はインターネット上で悲痛な声を見つけた。

使用量が大きく増えたわけでもないのに、料金が急騰したという。

取材を進めると、声の主に電気を供給する新電力の電気の仕入れ値が跳ね上がっていた。

2016年の電力小売り全面自由化以降、置き去りにされてきた制度設計の甘さも見えてきた。

※　※　※　※

記事の出だしの部分を引用しました。いったい何が起きたというのでしょうか?

実は、主に「格安の電気料金でつながれる」と宣伝してきた「新電力」の「市場連動型」で契約してきた人たちに、突然とても高い電気料金が襲ってきたのです。

新電力の多くは自前の発電所を持っていません。旧電力は自前の発電所をふんだんに持っていて、余った電気をJEPXに売りに出します。新電力は供給する電気をJEPXで買って調達します。この卸電力取引所では、1日を30分ずつに分けた1日48コマの供給側電気（発電）と需要側電気（小売）が取引されていて、その30分間の約定価格（取引成立時の決定価格）より低い額で入札した会社は電気を確保できません。

といっても停電してしまうわけではなく、東電エリアなら「東電パワーグリッド」など

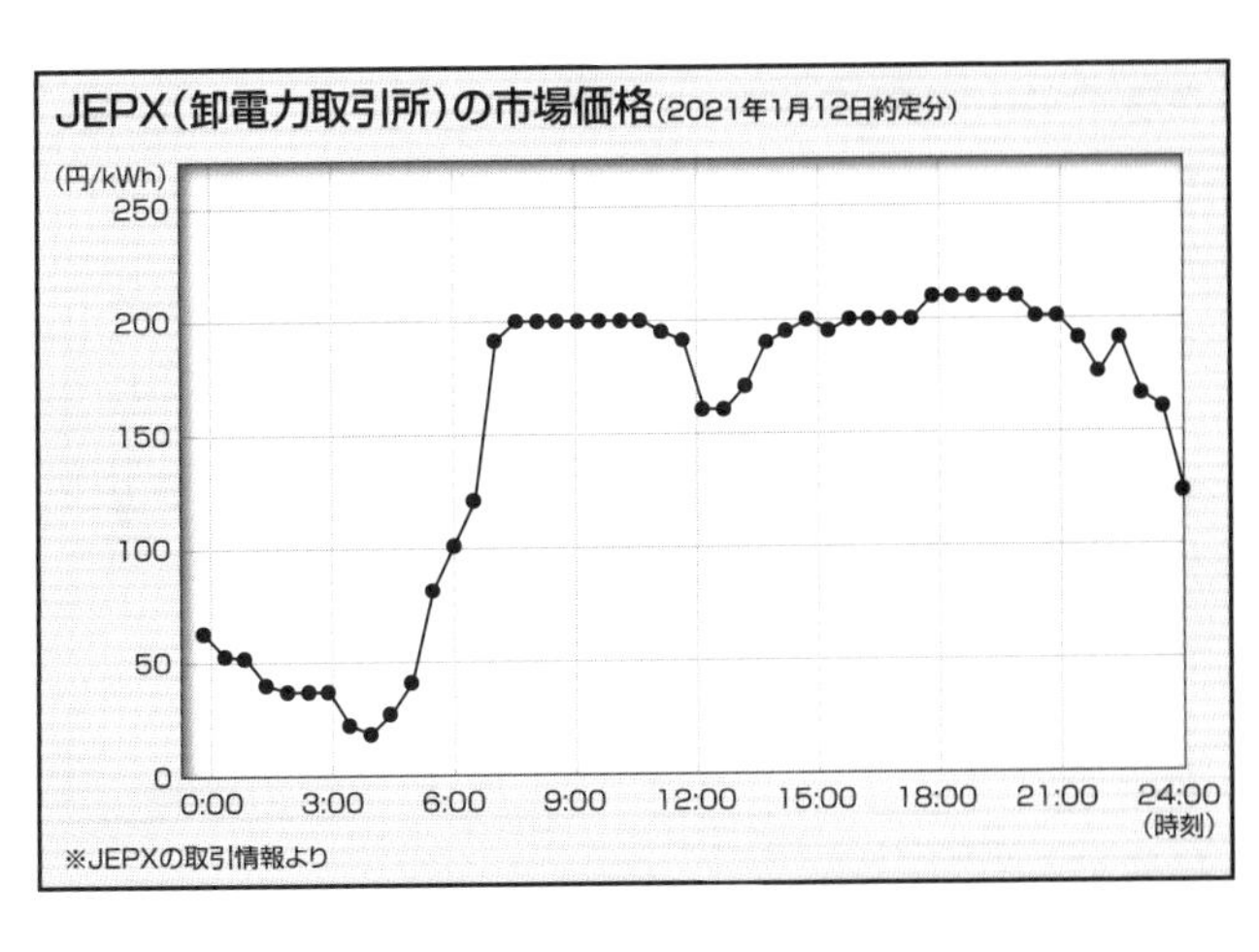

の旧電力が支配する送配電会社から電気が供給されます。ただしこの場合は、東電パワーグリッドに約定価格よりも高い価格（インバランス料金）を払わなければならないことになっています。

この必要以上に高い「インバランス料金」を払うことを恐れて、新電力各社はＪＥＰＸに高めの入札をして、何とか電気を購入しようとします。これが連続したため、本来なら電力消費の少ない深夜・早朝の電気料金まで上がってしまったんです。

２０２１年1月12日のＪＥＰＸの約定価格を見てみましょう。午前10〜12時、午後2〜5時の消費がピークになる時間帯だけでなく、それ以外の時間帯も価格が高いという点に注目して

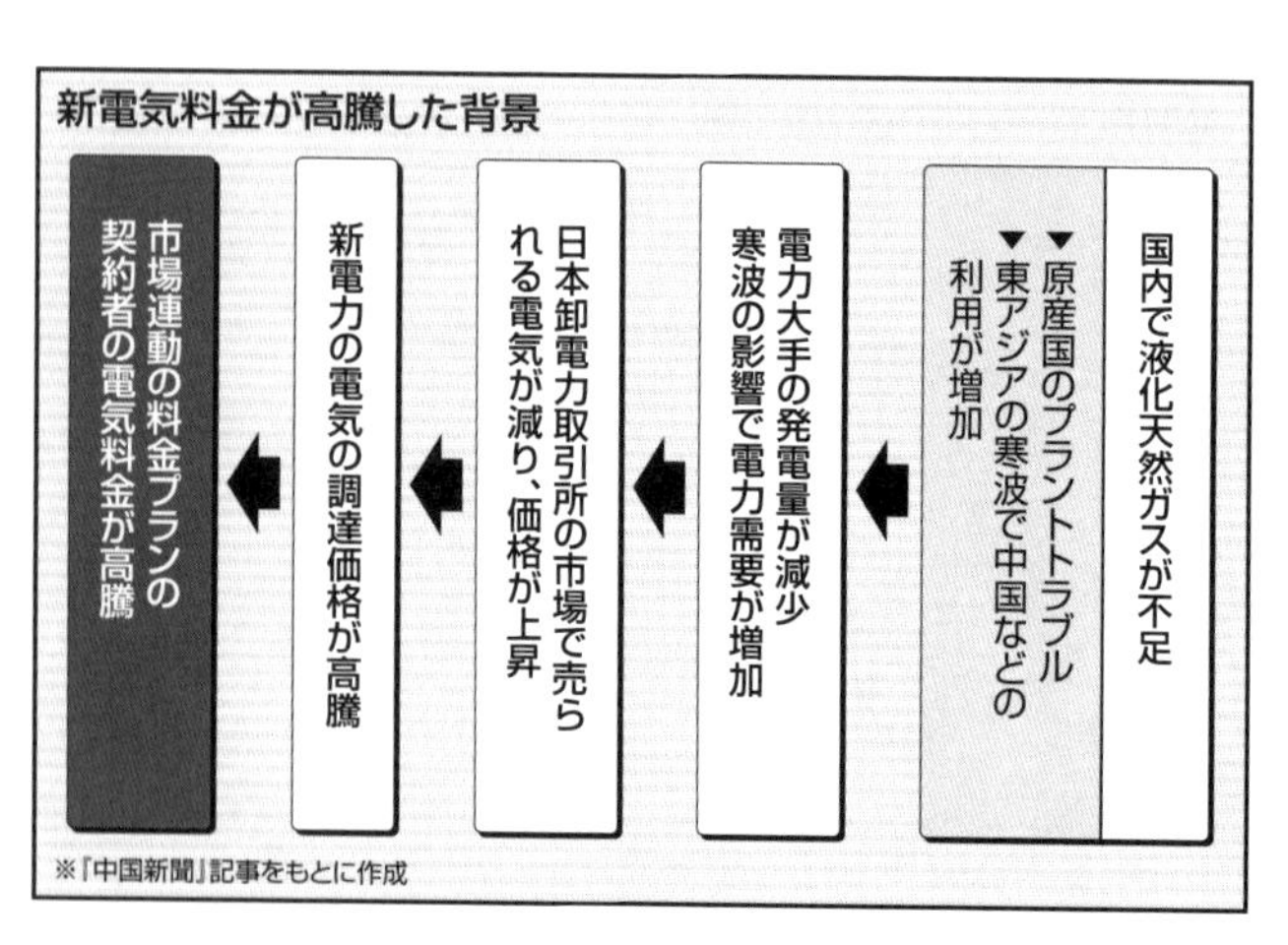

ください。そこには何か、作為的なものがあるように感じます。そもそも1月の電力需要は少ない。通常、需要が多くなるのは「夏場、平日、日中の午後1〜4時」。休祭日、夜間早朝には消費のピークはありません。

とはいえ、近年は冬場の電気消費が上がってきています。オール電化のようなムダに電気を消費する仕組みを導入する家庭が増えているせいです。それも重なって、通常時の30倍近い電気料金という異常な事態が起きたのです。

この電気需要と約定価格（いつもは5〜6円／kWh程度だったのが、一時的には50倍以上の250円／kWhになった）から考えて、何らかの価格操作が行われたとみるのが正当だと思います。

いちばん穏当な見方は、「インバランス料金」を負担するのを恐れた新電力などの買い手が、入札価格を引き上げていった結果だという見方です。「市場価格に『サーキットブレーカー』（取引価格が一定以上の変動を起こした場合に、強制的に取引を停止させるなどの措置）がなかったので、青天井に価格が上がり続けた」ということなんですね。

この価格急騰を受けて、経産省はＪＥＰＸの買い入札の上限を「２００円／ｋＷｈまで」としました。つまり25〜40倍の範囲に抑えるとしたのです。これまで新電力の契約を「市場連動型」としていた利用者の場合、電力料金が青天井に上がってしまうところを、今後は40倍までに抑えるというのです。それでも、この価格だって高すぎますよね。

そして新電力が入札に失敗して電力を得られなかった場合は、「インバランス料金」という懲罰的に高い料金を負担させられることになります。

旧電力のほうは、それに乗っかっていれば得をする仕組みになっています。「どうせ高騰した電気料金を払うのは旧電力をやめて新電力と契約した顧客だけだし、自前の発電所をたくさん持っている旧電力は高騰すればするほど儲かる」と考えているでしょうね。

でも、誰が誰と契約したかといったデータは公表されないんです。いろいろな記事を見ても「誰かの作為的な行い」といった指摘をする者はいないし、匂わせもしていません。

◆「電力危機」を演出して価格操作、儲けを独占したエンロン

そうなるとぼくは、傍証的なものを見つけたくなるんです。その時に参考になったのが米国カリフォルニア州で電力自由化が始まったばかりの頃に、エンロンが起こした「電力危機」の価格操作でした。電力自由化による価格高騰を恐れた消費者が訴えて、賢明にも州内の電力価格の上限値を設定させていました。

電力会社は発電会社と電力販売（小売）会社に分離されて、当面、電力会社の小売料金の値上げは凍結されました。そして大手電力会社には、卸売市場からの電力調達が義務づけられました（当時のカリフォルニア州の三大大手電力会社は、パシフィック・ガス＆エレクトリック、サザンカリフォルニア・エジソン、サンディエゴ・ガス＆エレクトリック）。

ところが、環境規制の強いカリフォルニア州のこと。すでに環境負荷の少ない電力を一定量割高で購入する義務が課されていた大手電力会社は、発電所へのさらなる環境規制に怯えていました。大手電力会社は、「自由化が経営上の負担になる懸念」を持っていたんです。ITブームと好景気で電力需要が伸びていたにもかかわらず、発電所の新設には消極的でした。州の厳しい環境規制で、発電所を造っても高コストになると考えたためです。

そこで電力会社は既存の発電所を売りに出しました。この発電所を次々と買い取ったのがエンロンでした。発電所を失った大手電力会社は、オレゴン州とワシントン州の雪解け水を元にした水力発電による余剰電力などに依存するしかなくなりました。

そして２０００年の夏、天然ガス価格の上昇や猛暑などで、電力卸売価格が上昇を始めました。州外からの電力調達設備が不十分だったために、ピーク時の料金が最高で７５０ドル／ＭＷｈにまで高騰したんです。日本円にすると、約８１０円／ｋＷｈ。普段は４円／ｋＷｈ程度だった電力価格が一気に２００倍以上になったんです。

ところが大手電力会社は小売価格の値上げが凍結されていて、その価格を消費者に転嫁できない。しかも発電所を売り払っていたため、電力取引所で高値の電気を買って安値で消費者に売るしかなくなっていた。そのために経営が傾いてしまったんです。

ここで登場したのがエンロン社です。インターネット上に取引所を開いて、発電所をたくさん持ち、電気の売り手となっていました。エンロンは発電所の定期検査にわざと時間をかけて電気の供給量を抑え、価格の安い「長期契約」を減らし、より高値で売買できる短期の卸売に契約をシフトさせました。

折悪しく、２０００年冬のオレゴン州・ワシントン州の降雪量は例年よりも少なく、両州からカリフォルニアに回せる余剰電力（雪解け水による水力発電）も減少しました。そして、十分な電力を調達できない大手電力会社は大規模な輪番停電を行うまでに追い込まれたんです。

これこそエンロンが本領発揮する事態です。カリフォルニアで山火事が起こり、送電線に火の手が迫って来ると「Burn,baby, burn!（燃えちまえ！　燃えちまえ！）」とエンロンのトレーダーがモニターの前で叫ぶ。送電線が燃えれば電力供給量が減り、さらに卸売価格が上がって自分たちの収益になるからです。そしてさっき紹介した「あのババア（一般消費者女性のこと）から金をまきあげてやる！」という発言につながっていくんです。

大手電力会社は逆ザヤ（高く買って安く売ること）となる電力販売に持ちこたえられず、ついに２００１年４月、大手電力会社３社の一つ「パシフィック・ガス＆エレクトリック」が破綻します。しかしエンロンはその「パシフィック・ガス＆エレクトリック」に対する数億ドルの債権が回収できなくなり、同年12月に粉飾決算が明るみに出て倒産しました。これは自業自得と言えますね。

エンロンの創業者であるケネス・レイは２００６年５月に陪審で有罪判決を受けましたが、同年７月に獄中で心臓発作により死去しました。元ＣＥＯ（最高経営責任者）のジェフリー・スキリングは２００６年10月、禁固24年４か月・罰金53億５５００万円を命じられました（後に禁固12年に減刑、２０１９年に出所）。そして元ＣＦＯ（最高財務責任者）のアンドリュー・ファストウは２００４年１月に98の罪に問われましたが、調査に積極的に協力することで禁固10年が６年に減刑され、２０１１年に出所。２３００万ドルの返還にも応じました。これがエンロン社をめぐる一部始終です。

◆〝電力の奴隷〟にならずに暮らしていくには、送電網から離れるしかない

こうしてエンロンが引き起こした電力市場の大混乱は幕を下ろしました。でも、人々がお金を崇拝し、お金持ちを尊敬する以上、次の幕が上がるのは確実でしょうね。では、ここで日本の電力価格高騰との類似性を見てみましょう。

1．日米に共通するのは、高騰の理由になるほどではない〝わずかな電力不足〟が起きていて、それが「起きても仕方ない」と思われていたこと。日本の場合は、新型コロナウイルスの流行によるパナマ運河の運航の渋滞・遅延による天然ガスの供給不安、さらにオーストラリアの天然ガス基地でのパイプラインの故障による供給の不安などから価格

が高騰していた。

2. 発電所の容量は十分にあるはずだったが、日本卸電力取引所（ＪＥＰＸ）に売りに出す電力会社の電気量が不足していたこと。関西電力の持つ高浜原発４号機（福井県高浜町）の装置の一部で傷が発見されると、定期検査中の３号機にも同じ心配があるため、２０２０年12月に予定していた再稼働を２０２１年２月以降に延期することにした。これだけで合わせて１７５万ｋＷｈの出力が失われていた。

3. （高圧）送電網が、カリフォルニアではエンロンの送電予約で占められて供給量がひっ迫してしまい、日本では旧電力の「原発分の送電予約」に占められてひっ迫していた。

4. カリフォルニアでは電気料金を制限された価格で消費者に売らなければならず、大手電力会社は電力を高く買って安く売らざるを得なかった。日本では、新電力が高い価格で買った電力のコストを消費者が払う電気料金に転嫁しなければならなかった。

5．カリフォルニアでは州全体で自然エネルギーを一定割合導入しなければならないことになっていた。一方、日本では自然エネルギーの電力を利用するのは新電力が多くを占め、2017年からは自然エネルギーの電力価格もJEPXで取引される市場価格と紐づけられていたこと。このFIT（固定価格での自然エネルギーの買取）の価格はもともと高い（30～40円／kWh）が、高騰した際にはさらに高い約定価格（先述の250円／kWhなど）で買い取らなければならなかった。その利益は自然エネルギー発電所の設置者には行かず、東電パワーグリッドのような旧電力の関連会社の利益になる。

つまり共通しているのは、発電能力は十分にあるというのに、意図的な作為によって電力供給が逼迫し、市場操作が行われて一部の企業だけが不当に儲けるという構図です。

こうして考えてみると、ＪＥＰＸでの取引価格以上に、発電と送電網を所有する者が電力価格を左右していたことがわかります。だから電力の奴隷にならずに暮らしていくには、ぼくはこの送電網から離れるしかないと思うんです。

そのためには、発電した電気は各地域に蓄電し、市民自身が電気を管理するべきだと思います。電力消費の約３分の２を占める大企業の「特別高圧」「業務用特別高圧」などの契約と、小規模で低圧で分散的な「定額電灯」「低圧」「従量電灯」の契約とを分離すべきです。

小さな「定額電灯」「低圧」「従量電灯」契約分の電気は、それぞれの地域に合った小規模な発電と蓄電で供給し、「特別高圧」「業務用特別高圧」は事業者自身が電力供給の仕組みを作ればいい。「特別高圧」契約などが従来通り大規模発電の送電網に頼っても構わないとは思いますが、一般家庭がその料金の大部分を負担する必要はまったくないですよね。

ぼくはずっと、日本の電力の最大の問題は「上から下に流す」中央集権の送電網構造だと言ってきました。自然エネルギーがなかなか普及しないのも、発電した電気が高く売れるからと言って、そのままの仕組みに乗っていることが原因なのだと思います。

◆巨大送電網は、自然災害にも弱かった

なぜ巨大高圧線で送電するかというと、低圧での送電は送電ロスが大きいからです。この送電ロスを恐れるために、巨大高圧線で全国に電気が送られるようになりました。その仕組みは必然的に、中央集権的で上意下達なものになります。

上流に巨大発電所を設置して、末端で減圧して低圧にした電気を家庭に流していく。そ

ういう仕組みでは、発電量のわずかな自然エネルギーなどは末端の低圧線電力の「焚き減らし」分（電気消費が減った分を、火力発電所で使う燃料が減った分とみなす）にしかならず、とうてい大規模事業所などの電気需要を賄う存在にはなれません。原発の代替になど考えられない。また、その上意下達の仕組みの下では、精緻に組み立てられた予想電力需要と異なる事態が起これば、自然エネルギー以前に、電力を送る送電線の仕組みそのものが壊れてしまうような、脆弱なものとなっています。

２０１８年の北海道胆振東部地震では主要な石炭火力発電所が停止してしまい、それに伴って予定通りの電力供給ができなくなって「ブラックアウト」を起こしました。北海道全体は送電網でつながっていましたが、本州とはわずかな直流線でしかつながっていなかった。そのため、多少の電力を届けても解決しなかったんですね。

これは北海道全体が細い糸でつながっているという、巨大すぎる送電網に依存しながら、その糸が細すぎたためです。そのすべての需要と供給とが一致しなければ、電圧もしくは周波数を安定させて供給することができなかった。少しずつ復旧することはできず、需要と供給が一致したある程度まとまった範囲ごとに回復させるしかなかったのです。

つまり、小回りのきかない「レジリエンス（しなやかな強さ）」のない硬直した仕組みでした。だから、そこにわずかな量の自然エネルギーの発電所があって発電できていたとしても、その仕組みに電力を組み入れることはできませんでした。そして、なすすべもなく停電してしまったのです。

２０１９年の台風15号は、南房総を中心に大被害を出しました。この時に起きた停電も同じです。柔軟性のない中央集権型の仕組みでは、ほんのわずかな冷蔵庫の電流すら支えることができなかったんです。

人によっては、わずかな電気を使えたかもしれません。しかし発電量の範囲内で消費しなければならない。今の冷蔵庫などに使われているようなモーターをインバーターで利用する装置は、稼働の瞬間に数倍の電気を消費します。そのため、送電線につながっていなければ動かすのが難しいのです。だから太陽光発電などで発電したとしても、受給量が制御された送電網につながないとダメなのです。

そしてこの送電網こそが、カリフォルニアの電気料金高騰とエンロンの詐欺的取引の舞台となりました。電気を作る発電所、電気を送る送電網、取引する市場などを押さえたものが、残りの大多数から搾取することができるということです。中央集権的であればあるほど押さえる点は少なくて済みます。

◆小規模発電をして各地域で蓄電すれば、大規模発電所は不要

この送電の仕組みをどのような形に変えるかが、未来の話になってきます。まず、今のような送電網になったのは送電ロスの問題が大きかったからです。「送電しなければ電気はすぐに消えてしまう」というのが、旧世界の〝常識〟でした。

ところが時代は変化しています。電力は一か所から「下に～下に～」と、大名行列のように届けなければならない時代ではなくなりました。バッテリーが進化して、発電した電気をすぐに送ることなく、貯蔵できるようになってきたのです。また、一か所で大規模発電をしなくても、各地域で環境破壊をせずに小規模発電を行い、それを蓄電して暮らすことができるようになってきました。

我が家のリチウムイオン電池は、1年経っても3％程度しか減っていなかったと先ほど書きました。蓄電した電気が減っていくことを「自己放電」と言いますが、我が家の「LiFePO4」というリン酸鉄リチウム（オリビン構造）バッテリーはこの自己放電量が少なく、年間でも10％以下だそうです。材料費は安いけれども製造コストがやや高く、熱安定性が高くて発火・爆発の心配がないというものです。

我が家の第二のリチウムイオンバッテリー。日産自動車「リーフ」用の中古バッテリーを使っている

ここまでで十分な性能だと思いますが、まだまだ終わりじゃないんですね。今後、もっと優れたものが誕生してくるでしょう。たとえば以前から注目している東芝の「ＳＣｉＢ」は、２００８年に開発されたマンガン酸リチウム電池ですが、くぎを刺しても爆発しないほど安全性が高くてなおかつ急速充電ができ、充放電１万回以上（毎日１サイクル使っても、27年使えることになる）で、マイナス30℃の環境でも使用可能だといいます。まだ市場価格は高いのですが、これから価格が下がることを期待したいですね。

これを使って、各地域にある公民館などの場所に発電した電気を貯めておいて、そこから近隣家庭に電気を供給してはどうでしょうか。安全性の高い品も多くなっていますから、送電線を引くのではなくバッテリーそのものを持ち運ぶのでもいいかもしれません。「蓄電ロス」より「送電ロス」のほうがずっと大きいのですから（発電時に40％近くロスし、送電時に５％、発電所で５％、残りは送電線で合計63％のロスがあるとみなされている）。

バッテリーの予備を持てば、地域内で停電が起きることもなくなります。今や省エネ製品の普及によって、１日の電気消費量は統計では「10ｋＷｈ必要」などと言われていますが、オール電化のような極端にムダなことをしない限りは１日３ｋＷｈで足りると思います。少し多くても１日５ｋＷｈを越えることはないでしょう。すると、わずかな面積の太陽光発電装置で足りることになります。公民館に蓄えたバッテリーの電気は、万が一の時の予備電源になるでしょう。

いまソーラーパネルが安くなってきて、現在１kWあたり42万～45万円、これに充電コントローラーとインバーター（家庭用の電気器具が交流なので、直流から交流に変換するための機器）、バッテリーがあれば足ります。あとは工事のためのわずかな手間と、電気工事士の手数料だけです。

我が家のように敷地内だけでこれができればいいのですが、道路をまたぐ時は市役所で占有許可をもらわないとなりませんので、市と協働して事業をやれるといいですね。小規模発電から張る電線を「自営線」と言いますが、これを普及させましょう。電圧によって電線を吊る高さが異なるので、それを調べて張ります。こうして電気の地域自給が可能になると、やっと旧電力と手が切れるのです。

人々が自由になれないのは、送電線につながれて暮らすしかなかったせいです。旧電力と手が切れれば、もう「原発もやむを得ない」なんて受け入れたり、温暖化の原因となる火力発電なんかに頼ったりする必要もない。事業者に大儲けさせて、高くなった電気料金を負担しなくていい。その分のお金を自分たちの「地域独立発電所」の運営費に回したら、地域に仕事が生まれて、かつ今までより安い価格で電気を供給できるようになります。

◆送電網からの独立の一歩となる、「エコワンソーラー」

もう一つ、送電網から自由になるための方法をご紹介します。我が家のパーソナルエナジーを開発した「慧通信技術工業」が、ガス器具メーカーのリンナイと協力して「エコワンソーラー」というすごい製品を開発しました。家庭用の太陽光発電を給湯のために優先的に使い、高効率ヒートポンプで空気中の少ない熱を集めて運ぶことでお湯を作り出します。外気温が高い日中にヒートポンプを使えば、電気エネルギーの5倍以上の熱を集められます。しかも日中の太陽光発電の電気は、バッテリーに貯めるよりも発電時に使うほうが効率的です。それに水は蓄熱性が高いので、他のものに熱を貯めるよりもお湯として蓄熱したほうがいい。それを可能にしたのです。

さらにこの「エコワンソーラー」は、大規模災害による長時間停電時でも使用できるオフグリッド電源を標準装備。お風呂のほか冷蔵庫、トイレの電源を常時バックアップします。そのために「ＡＧＭバッテリー」という鉛バッテリーの蓄電池を使っています。しかしバッテリー液は液体ではなく、密閉したゲル状の液体の中に電気を貯蔵する仕組みになっているんです。これは「鉛バッテリー」でありながら密閉されていて安全性が高く、鉛は不要になればリサイクルされます。

ガス器具なのに、追い炊きをしなければほとんどガスを消費しません。給湯による二酸化炭素排出を限界まで削減可能にしたガス装置ができ上がりました。我が家にも導入するつもりで、みなさんもぜひ使ってみてほしいと思います。特に「卒ＦＩＴ」と呼ばれる再生可能エネルギー買い取りの期限が切れる人にはぜひ使ってほしい。

それが最も経済的な利益につながる仕組みになるからです。「卒ＦＩＴ」したら契約を切りますか？　でも、家庭はＦＩＴ開始から10年で卒業ですが、事業者ならまったく同じ太陽光発電装置なのに20年契約なんです。使える年数でみると、まだまだ新品の半分の能力に落ちるまでには30年ほどはありますよ。このAGMバッテリーは価格が高くなくて、寿命も7年近くあります。しかもうまく電気をコントロールしていて充電効率が高く、「電気の突入」（電流が瞬時に増大して、時間とともに定常状態に戻る過渡現象）にも強いんです。このバッテリーを使えば電気に強くない人でも、送電網からの独立を実現していく第一歩になります。

◆人類が滅びる未来を選ぶのか、安全に豊かに暮らせる未来を選ぶのか

小さな電気を集めていく仕組みに変えていこうと考えると、メガソーラーどころか風力発電所ですら規模が大きすぎます。ダムによる水力発電も要らないし、川や用水路の水流などを利用した小水力発電を各地に設置したほうが効率はいい。その小規模発電した電気を、小さく貯め込みながら各地で電気を賄っていけばいいと思うんですね。

自然エネルギーの電気は「不安定で、生み出す電力規模が小さい」とよく言われます。それは今までの送電システムに乗っかった場合の問題なんです。地域ごとに蓄電するならば、電気を使う装置の近くで小さく発電すればいい。街路灯なんて、太陽光で自動的に照

らしていれば十分でしょう。そうなると、送電線は一切いらなくなります。電力は各地に貯められ、送電ロスはなくなって安定化していく。街から送電線がなくなったら、どんなに広い空になることでしょうか。

今までは、新しい自然エネルギー発電という仕組みを、古めかしい送電システムに乗せたことが問題だったのです。電力を自給すれば地域にお金が落ち、地域に経済循環が生まれる。電気という誰もが必要とする〝価値〟を地域で生み出していければ、その地域は活性化していくでしょう。

ぼくは、皆が出資してくれた資金を使って「未来バンク」を運営していると先述しました。今や金利は1％台だし、自分たちで出資した資金分を担保に提供するなら、その分は金利をゼロにして手数料だけで融資しています。例えば、金利ゼロで融資して一連の電力自給装置を設置したら、毎月の電気料金の支払いがそのまま返済資金に回ることになります。

４世帯だけの集落で240万円の装置を付けたとしても、月に5000円の返済（電気料金として）をすれば1年で回収できます。もっと多くの世帯数ならさらに早く回収できるし、金利がつかないのでもっと長い返済期間にして月々の支払いを抑えることもできます。しかも支払いは次の設備の買い替えまで必要ありません。

これが全国的に広がれば、原発問題も電気料金の値上げも関係なくなり、火力発電も必要がなくなって地球温暖化問題も解決します。福島原発事故の災害から10年経って、今やっと未来の形がようやく見えてきた気がします。

未来のために、大企業や政府に依存する中央集権的な送電のシステムを拒否しよう。ぼくたちはお金がなくても豊かに暮らせるし、その実現は今や夢ではありません。障害があるとすれば、10年経った今になっても「大きいものに依存したがる奴隷根性」でしょう。檻に閉じ込められて育った動物は、出口が開けられても外に出ようとしなくなるそうです。それと似てはいないでしょうか。

こんな時代になってまで、未来に臆すことはありません。解決できない放射性廃棄物だらけで苦しむ未来、地球温暖化によって滅びる未来にするのか、それとも安全で豊かに暮らす未来にするのか。その選択肢は今、ぼくたちの手中にあるのです。

第五章　森林資源を活用した「炭素貯金」

◆海の中よりも森林のほうが、効率的に炭素を蓄積できる

地球は、ほかの太陽系の惑星とは違って、海があり、緑があり、酸素を豊富に含んだ大気があって、二酸化炭素の量は極めて少ない。この大気の組成のおかげで、奇跡的にも生物が生み出されたのです。そこでぼくは再び歴史を遡って、何が二酸化炭素の吸収に大きな役割を果たしてきたのかを調べてみました。

原始の地球には酸素がなくて、大気のほとんどを占めているのは二酸化炭素でした。光合成の能力を獲得した「シアノバクテリア」（藍藻類）が生まれるのが約27億年前で、約45億年前に誕生した地球には長く生物がいなかった。二酸化炭素を吸って酸素を作り出すシアノバクテリアのひとつ、「ストロマトライト」というサンゴ礁のような構造物を海中の浅い部分でつくり出す生物が出るまでは酸素はありませんでした。その後、圧倒的に大気中の酸素を増やしたのは約5億年前に陸上に現れた森林でした。海中のシアノバクテリアが炭素を減らしても、それが海中で死滅して分解される時には酸素を消費してしまうからです。

ところが陸上では、その個体が滅びても土中に炭素が蓄積されてすぐには分解されませ

ん。その結果、森林の土壌には森林自体の5倍も炭素が蓄積されるようになりました。海の中より陸上の森林のほうが、多くの炭素を効率的に蓄積できるんです。

これで地球の大気は急激に変わりました。大気中の二酸化炭素は植物に吸われ、光合成によって生まれた高濃度の酸素で大気が満たされました。酸素呼吸する生物も陸に上がれるようになりました。ふんだんに生まれた酸素が太陽の紫外線と反応してオゾンが発生しました。

オゾン自体は生命にとっては有害なんですが、高層大気に広がっていって有害な紫外線から生命体を保護してくれる存在でもあります。オゾン層ができたことで、その後の生物の上陸も可能になっていきました。生物の歴史をたどると、植物が上陸したことから地上生物の世界が始まったのです。

この連なりの中にぼくたちの生命はあるんです。いま、放出されすぎてしまった二酸化炭素を吸収してくれるのは、海洋と陸地しかありません。しかし海洋はすでに飽和状態です。場所によっては二酸化炭素の吸収過剰によって海水が酸化しています。酸化した海水が、貝など甲殻類の殻を溶かし始めてしまっているんです。海はこれ以上、二酸化炭素を吸収することはできません。残る頼みの綱は陸地だけです。

そこでお勧めしたいのが、森林の手入れです。樹木は言うまでもなく二酸化炭素を吸収して育っていきます。それを健全に育てて炭素を蓄積してもらうことは、大気中の二酸化炭素をそれだけ減らすことにつながります。

陸地の微生物は、炭素をまだまだ吸収できます。というのは、微生物は陸上の樹木と共生しながら土壌をつくれるからです。これを日本の中でも進められないでしょうか。土地の豊かさを示す時に、その土の中に住む微生物の種類と量で測る試みが進められています。それは耕地だけでなく、林地であっても同じです。

その土地が大気中に増えすぎた二酸化炭素にとって安住の地なら、その妨げになることだけはやめましょう。森林を利益のために燃やしたり傷つけたり、農業生産のために土壌微生物を殺したり、痛めつけたりするのはやめましょう。

◆木質バイオマス利用はまだまだこれから

三章で、我が家の二酸化炭素排出量は、今の一般家庭の二酸化炭素排出量のマイナス78%に達していると書きました。温暖化を起こさない暮らしの「マイナス45%」より、さらに33%も少ないのです。これを考えると、「二酸化炭素を排出する前に、大気中の炭素を減らしておく」といった「先減らし」の仕組みが成り立つことになります。つまり「将来二酸化炭素を吸収する」というような曖昧なものではなく、「先に減らしておいてその分を後から使う」という「炭素の貯金」ができることになるんです。

この「炭素貯金」こそが、今後必要になってくる考え方なのではないでしょうか。先に二酸化炭素を排出しておいてから後で埋め合わせようというような「無責任」な考え方が、これまでの地球環境問題を起こしてきた正体なんじゃないか。「後から何とかする」「後で何とかなる」というような考え方のもとに原発などをつくって、取り返しのつかない事態を起こしてきたのではないでしょうか。

それでは、「日本で1ヘクタールの森を育てた」としたら、どれだけの二酸化炭素排出を減らせるでしょうか。林野庁のデータによると「36～40年生の スギ人工林は1ヘクタール当たり約302トンの二酸化炭素（炭素量に換算すると約82トン）」とされています。ここでは計算の都合上、二酸化炭素ではなく炭素量で計算※しますね。

※二酸化炭素（CO_2）の量を炭素（C）相当分で算出する方法。炭素換算値はCO_2の量に0・273を掛けて得られる。逆に炭素換算の値に3・67を掛けるとCO_2の量が得られます。

その植林と育成をした分を「炭素貯金」しておいて、それから二酸化炭素を排出するほうが、よっぽど健全です。ローンを組んで返済するより、先に貯蓄してから家を建てたほうが安心なのと同じで、どうなるかわからないリスクを回避できるからです。

さて、それではこのことを場面ごとに考えてみましょう。

この「炭素貯金」は、時系列で言えば

1. 植林

2. 育林

3. 木質バイオマス（ペレットストーブなどの燃料として利用）

という流れになります。

いくら「植林した」と言っても、その木材が利用されずに化石燃料の消費が減らなければ「化石燃料使用分の二酸化炭素を減らしている」とは言えないし、植林された木が育たなかったり山火事にあったりすれば意味がありません。それらを考慮に入れながら、植林・育林に関わってくれた人が各自で「貯蓄」した分の炭素を計算することができます。

ここでは順番は逆にして、排出量削減を担保する「木質バイオマスとしての利用」のほうから考えてみることにしましょう。

「木質バイオマス発電」の多くは、この点で及第とは言い難いですね。というのは「木質バイオマス発電」の多くが、ＦＩＴ（固定価格買取制度）の優遇買取をめざしたもので、金銭的な利益を求めていて二酸化炭素を吸収する森自体のことを考えていないからです。

例えば、よく知られている「里山資本主義」の舞台となった岡山県真庭市産の木質バイオマスプラントでは、国産材をほとんど使っていません。北欧産の木材を使っているんです。それじゃあ国産材を使った「日本の里山」ではありませんよね。「フィンランドの里山資本主義」になってしまう。輸入材を利用する理由は、価格が安いためです。

しかも、安いのは木材自体の価格だけではないんです。国内産の木材を運ぶのと違って、国境線を超えて木材を運ぶ場合の燃料には税金がかからない。「脱税」ではありませんが、「節税」という動機によって外国産材が選ばれています。これでは、地球を半周するほどの距離を化石燃料で運んで、さらには身近にある木質資源の利用にも結びつかない。温暖化対策としてはまったく逆行しています。

さらに、木質資源を利用する側の問題もあります。木質資源を燃料として利用する場合、ペレットストーブなどの設備が必要になります。ペレットとは、木くずを圧縮して作った木質燃料のことです。化石燃料である灯油を使わずにペレットを利用してきちんと植林されているなら、ペレットを燃やして出た二酸化炭素は森に吸収されてプラスマイナスゼロになります。これを「カーボンニュートラル」と言うのですが、そのペレットストーブがまだまだ未発達。あまり導入されていません。

さらにもう一つ。例えばこの木質資源を利用したいと考えた時、費用との関係から木材の「製材所」から入れなければコストに合わないんです。時折、ペレットの生産だけをするために木質資源を地域で集めているという事例を聞きます。製材した時の木材なら「プレナーくず（木粉でやすり掛けした時に発生したもの）」を使うので費用はかかりませんが、ペレット生産のために地域で木材を拾い集めるという方法では、まったくコストに合わないのです。

◆〝持続する森林経営〟を目指して

そこで、ぼくが立ち上げた「天然住宅」では、「くりこまくんえん」（旧「くりこま木材」）が製材した後の木粉を使っています。その製材所で扱う木材量が半端じゃないので、コストに合うペレットを生産することができるんです。

そしてもう一つのバイオマス燃料である「チップ」も同様で、膨大な量の用材（住宅材

森の中でペレットにしたところ。まだこの時点では乾燥が十分ではないのでこのままでは商品にはならない（筆者撮影）

などの木材）としては使えない木材があるおかげで、広葉樹・針葉樹に分けられたチップを生産できています。

加えて、「くりこまくんえん」の大場隆博さんが関わっている「ＮＰＯしんりん」では、その木材を使った住宅「サスティナライフ森の家」を建て、さらにエコビレッジ「サスティナビレッジ」の開発、そこの木材資源を使った電気と熱を供給する「株式会社ウェスタ」など、さまざまに活動しています。ぼくもこれらのＮＰＯなどに理事・出資者として加わっています。

〝持続する森林経営〟とは、具体的には通常の「一斉伐採⇓地拵え⇓一斉植林

⇓手入れ⇓一斉伐採」ではなく、「間伐⇓択伐⇓個別植林⇓手入れ⇓個別間伐」というように、「常に森を裸にしない林業」を目指すということです。森を裸にしてから植林するのが一般的ですが、そうすると樹木と微生物で作られていた土地は荒れ果ててしまいます。

一斉に伐採できる森というのは便利に思えますが、森は伐採したまま放置していては回復してくれません。それでは、とてつもなく長い時間がかかってしまいます。そうではなくて、森の植物と微生物たちとの共生関係を壊すことなく、択伐した木の跡地にだけ植栽する。それぞれの木を選んで伐採して、その跡地に植栽していく。それによって山を再生しながら森の力を利用していきたいのです。

一斉に苗を植林していくというのは一見効率的ですが、苗はどうしても真っ直ぐ下に伸びる「直根」を失いやすい。植栽するときに邪魔になって伐ってしまったり、強く押しつけて歪ませたりするからです。実はこの直根が、山の土壌の安定に大きな役割を果たしているんです。真っ直ぐ下に伸びて土地深くに根を下ろし、そこから土地にしがみついている。木の実から生まれた苗を「実生」と呼びますが、実生の方が健全で強く、土壌も強く固めてくれる。直根でしっかりと地下にしがみついた「実生」の木を、なるべく役立てたいと思っています。

◆「択伐」で〝生命を生み出す森〟を取り戻していく

ここで「育林の手間」についての概要を見てみましょう。

育林費の内訳では、林業者が口をそろえて言うように「下草刈り」の手間が38％と非常に大きい。次に大きいのが「植栽」「捕植」で21％。実は、植林は一番の手間ではないのです。その次が「間伐・除伐」で17％、その次に「管理費」14％と植林前に行う「地拵え」9％となっています。

「NPOしんりん」では、この「下草刈り」を手伝ってもらうために牛を山に放ち、1回目の下草刈りの後の新芽は牛たちに食べてもらっています。次の「間伐・除伐」は「主伐」と「間伐」を分けて考えるのではなく、「この木を切る」という「択伐」を行って大多数の森の木を残したままにしています。

それともう一つの違いは、「皮むき間伐」をしていることです。生きている木を間伐すると、水分が木質部分の2倍ほどの重さがあり、その重さゆえに作業中の労働災害も多くなっています（全業種で1位）。だから、まず択伐する木を選んだら、春先から夏にかけて木の皮を剥いてしまいます。その時期の木の皮はするっと簡単に剥けます。これは、ス

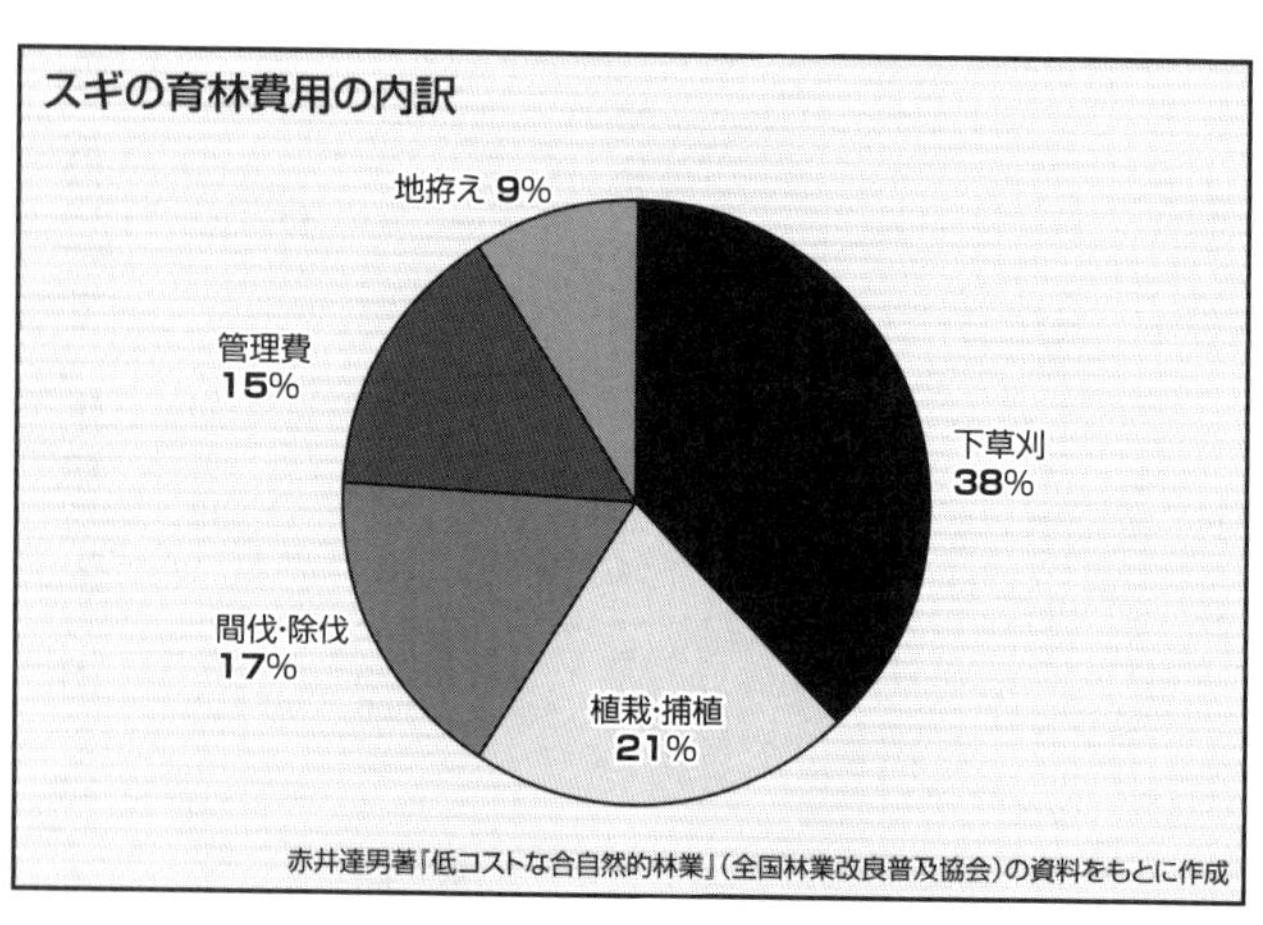

ギやヒノキが皮のすぐ内側で水を吸い上げているためです。
皮をむかれたスギ・ヒノキは水を吸い上げることができなくなり、半年かけて立ち枯れます。枝の先が茶色くなれば伐採に適した水分になった証拠。水分は葉裏から蒸発しているため、重さは約半分にまで減っているんです。そうなった木は軽いので、倒してもそれほど危険ではなくなっているというわけです。
ただしこれは建材としては最適な材ではありません。木は成長期に「でんぷん質」を集めていて、その時期に皮をはいで死なせると、木質に「でんぷん質」が含まれたままになる。その「でんぷん質」が虫を寄りやすくさせ、カビを発生させやすくする。どうしても木材としては

スギの皮むき間伐。きれいに皮を剥がされたスギは水を吸い上げられなくなり、半年後には葉が落ちて枯れる

質が悪くなるのです（だから林業家は冬場にしか伐採しない）。

しかしそれは、薪やペレットなどの「燃料材」としては悪くない。それらは契約先に無償貸与した薪ボイラーの燃料にしています。それは森で働く林業者たちにとっても貴重な現金収入源となります。

林業者たちがずっと働き続けるためには「一斉伐採・一斉植林」ではないほうがいい。作業が終わると同時に仕事がなくなって森に入らなくなり、山と森の状態を見ることもなくなってしまいます。

季節労働者として無責任に森に関わるのではなく、森をずっと見ながら木を育てたほうが、山とともに暮らしていきやすい。そこに暮らしていれば、森からは木材だけでなく、春夏には山菜や木の芽、秋には木の実など、たくさんの恵みが得られるはずです。そうした森から生まれたさまざまな素材を今、さまざまに利用しようと試みています。

これらを林野庁では「特用林産物」と呼び、「わらび、きのこの山菜類をはじめ、くり、くるみ等の樹実類、うるし、はぜの実から搾取される木ろう等の樹脂類、わさび、おうれん、きはだ等の薬用植物、桐、たけのこ、竹、木炭、薪などの森の産物」を指します。かつてはそちらのほうが大きな収入になることすらありました。森林を〝木材を生み出す工場〟ではなく、多種多様な〝生命を生み出す森〟に戻していきたいのです。

◆持続可能な社会を実現する「カスケード利用」

こうして「択伐」された木材は最高級の住宅材・家具材をはじめ、木地師（きじし）の木工材、薪、木質ペレットやチップなど100％利用できる仕組みになっています。通常の林業では、木材は木そのものの3割程度しか利用されず、残りはゴミとされてしまいます。ところが、「NPOしんりん」の森では、使われずに腐って二酸化炭素に戻る部分がほとんどないんです。

ムダなものを排出しない、このような利用法を「カスケード利用」と言います。

木材を燃やして熱を採ると、二酸化炭素が出ますね。ところが木をちゃんと植林していれば、二酸化炭素を木が吸い込むから、プラスマイナスゼロになります。生物由来のエネルギーは、適切に消費する限りは永遠に使えるすばらしいエネルギーなんです。だから「木は伐るな」ではありません。「適切にうまく利用する」というのが正しいんですね。

そのバイオマスを利用するときは、時間的・段階的にうまく使うことが必要です。例えば、まず木材で家を建てた↓家を分解して家具にした↓家具を分解して、粉々のチップにして紙にした↓紙として何度もリサイクルした↓最後の紙であるトイレットペーパーになった、というような流れです。

そして、トイレに流して終わりではありません。最後に下水処理の段階でバイオガス利用ができますね。90ページに登場した佐賀市の下水処理施設のような利用方法です。前述したように、空気に触れないところで微生物の力で発酵させると、バイオガスというメタンガスがとれます。メタンガスは別名「都市ガス」ですので、燃料として利用できる。最後に残った下水スラッジ（下水汚泥）を森に戻してやれば、これで一巡します。

こういうシステムを作ることによって、一つの資源を長く使うことができるようになり

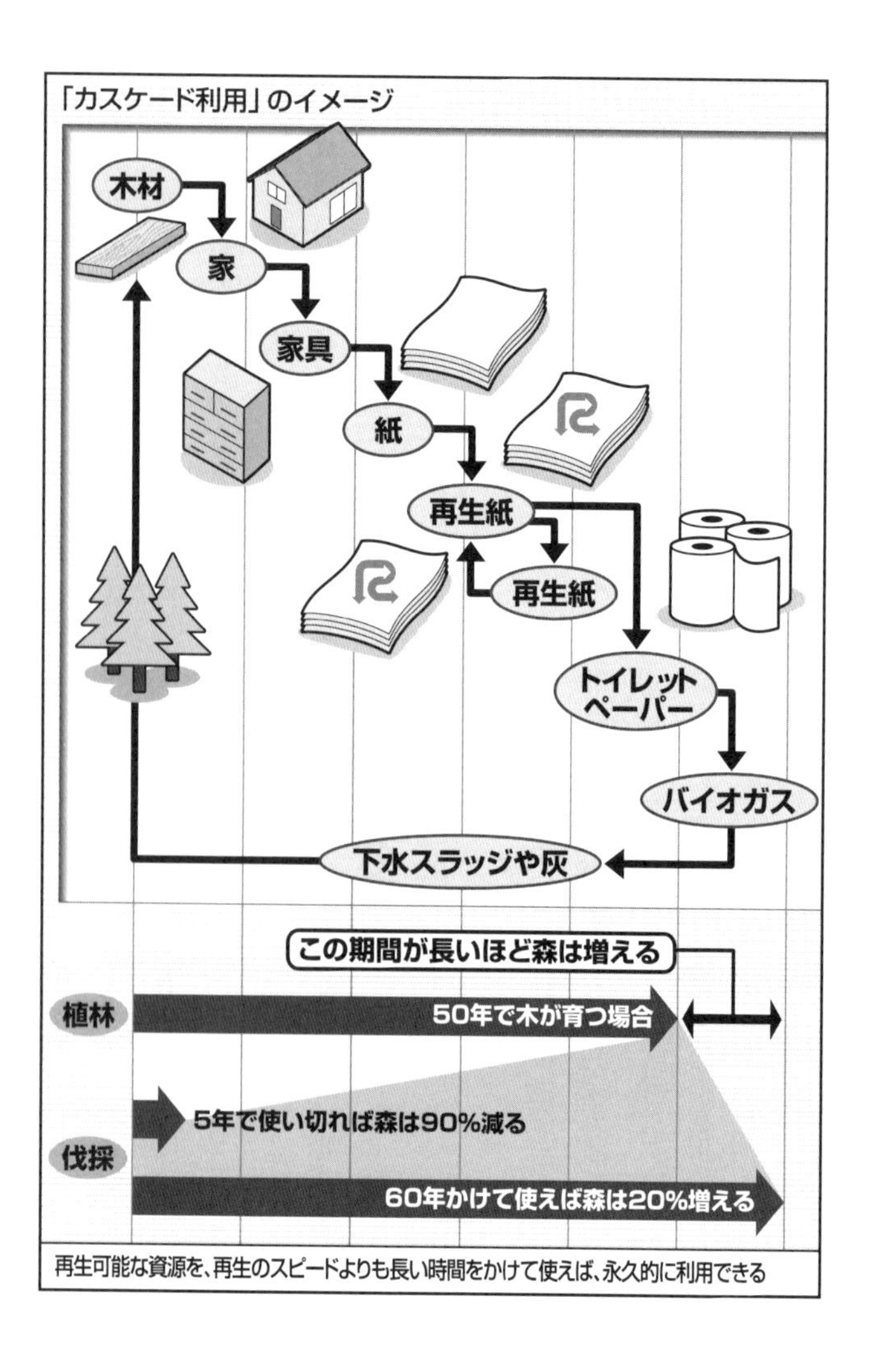
「カスケード利用」のイメージ
木材
家
家具
紙
再生紙
再生紙
トイレットペーパー
バイオガス
下水スラッジや灰
この期間が長いほど森は増える
植林
50年で木が育つ場合
5年で使い切れば森は90%減る
伐採
60年かけて使えば森は20%増える
再生可能な資源を、再生のスピードよりも長い時間をかけて使えば、永久的に利用できる

ます。質の高いほうから低いほうへと順に、何度も使っていくことができるのですから。これを図にすると「小さな滝」の連続（英語でcascade）のように見えることから、「カスケーディング」とか「カスケード利用」などと呼ばれています。

これを含めて考えると、「持続可能な社会ってこういうことだったのか」と、簡単に定義することができます。例えば50年かかって育つ木を5年で使い捨ててしまえば、90％の森が減ります。それは持続的ではない。逆に、50年かかって育つ木を60年かけて利用したら、森は毎年20％ずつ増えていきます。

「持続可能な社会」とは、非常に簡単な話です。「更新される資源」を使い、「その資源が成長するよりも長い時間をかけて使えばいい」、それだけのことです。そして、資源を長い時間をかけて使うのに役立つのが、このカスケード利用です。「持続可能な社会」を大学の先生に説明してもらったら、やたら長くて難しい話になりますが、実は非常に簡単な話なんです。

◆植林・間伐に参加して炭素削減に貢献

さて、それでは木が吸収してくれている炭素量とはどれほどのものなのかを計算してみましょう。先ほど、「日本で1ヘクタールの森を育てると、炭素量換算で約82トンの二酸化炭素量を吸収・削減できる」という林野庁のデータを紹介しました。

植林に出かけて、1グループ20人で1ヘクタールの植林をしたとします。50年で成木になるとして、82トンを50で割ると1年あたりの炭素吸収量は1・64トン（1640kg）。実際の炭素吸収量は成長期によって異なるのですが、ここでは平均値で計算してみます。これを20人で割ると1人あたり82kgとなります。

林業の植栽・補植分の手間が21％なので、この一度目の植林で17・22kgの炭素を吸収したことになります。ただし、木の成長は寒い地域ではもう少しゆっくりですから、炭素吸収量も小さくなると思います。

一度目の手入れの50年を平均すると1人あたり17・22kg／年ですが、翌年も植林に出かけたとすれば、新規に植林した17・22kgに、前年に植えた林地の植林分が成長した分の17・22kgも加わります。こうして植林を続けていく限り、山火事などがなければ自動的に炭素吸収量が増えていくのです。

しかし、別な手入れが必要になってきます。それが混み過ぎた木の間隔を空ける「間伐」や、枝を落としたり絡まったつる植物を伐ったりする「除伐」です。「間伐・除伐」

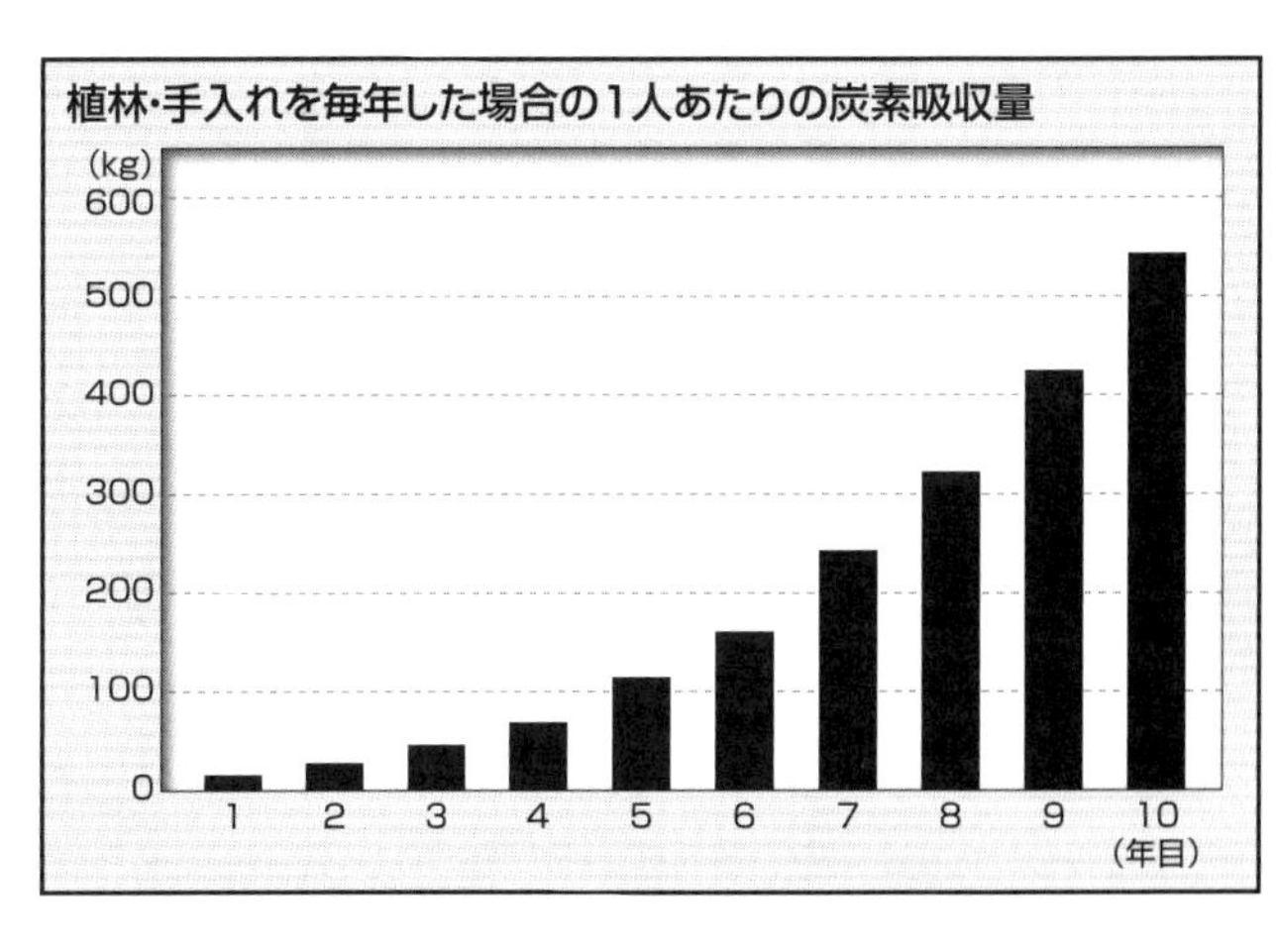

の手間は植林とは別に林業の手間17％が計上されるので、植林とあわせて年2回の「間伐・除伐」を行えば、さらに炭素吸収量は13・94kg増えます。

この間伐・除伐作業（皮むきと伐採）は、成木となって伐採するまでに「春の皮むき・秋の伐採」の両方の作業が必要です。この森の手入れへの参加で、31・16kgの炭素吸収に協力したという計算になるんです。

植林分　17・22kg
間伐・除伐分　13・94kg
合計　31・16kg

翌年も同様で45・1kgと、毎年続けていれば炭素吸収量がうなぎ上りに増えていきます。1人あたりの炭素吸収量は、1年目はわずか17・

22kgだったのが5年目には114・8kgに、10年目には533kgになります。かつて植林した木が育つことで、グラフに見るように、年を追うごとにたくさんの二酸化炭素を吸収するようになってくれたからです。しかもこの数字は炭素量で表示しています。二酸化炭素量に戻すためにはこれに3・67倍しなければなりません。だからものすごい効果なのです。

というわけで、1年間の「植林・間伐ツアー（春秋の両方）」に参加すると、計31・16kgの炭素を削減したことになります。翌年以降は除伐・間伐だけで、さらに13・94kgの炭素貯金が増えていきます。1回目に植林した木が吸収してくれた分が、自動的に加算されるからです。そして11年目には658・46kgとなり、1世帯あたりが減らさなければならない炭素量（550kg）を超えます。その家庭は、地球温暖化を起こす二酸化炭素排出量と同じ分を、植林と育林で吸収させていることになります。

それは、植林した木がそのまま育っていているおかげです。翌年からは除伐・間伐をしていれば、どんどん吸収量が増えていきますから、植えた木は高利貸しの利子のように、どんどん毎年炭素を吸収してくれるのです。

じつはこれに加えて宮城県の「くりこまくんえん」では、バイオマス発電・熱供給で、二酸化炭素排出を削減した分、さらにその後の「炭」を土壌に埋設した分の貯金もあるんです。それを考えるともっと莫大な炭素貯金をしていることになります。

この考え方が「炭素貯金」の考え方なんですね。森の手入れをすることで、ぼくらは二酸化炭素を増やさない生き方が可能になり、余分に減らした分だけ温暖化を防げることにもなる。この温暖化を防げた分が「炭素貯金」になります。

ぼくの家の炭素排出量（炭素換算で表示）は、２０６・１９kgとなっていて、本来許される炭素排出量６７２・６７２kgよりも４６６・４８２kg少ない。この本来許されるマイナス45％の排出量を超過して達成した分を「炭素貯金（家庭内消費分）」とカウントできるでしょう。

家庭内の炭素貯金分に、森林再生による炭素貯金分を足すと、ぼくの場合には森林の活動が10年以上あり、家庭内の部分が毎年約５００kgあります。合わせて毎年５・５トンもの炭素貯金を積み立てたことになります。この炭素貯金を皆がしていくようになれば、温暖化は防げると思うのです。

◆木材の利用時期は、その用途によってさまざま

ここまで、植林や森の育林を例にして「炭素貯金」の話をしました。ところが、実際の木々の成長は一直線ではありません。炭素の吸収は成長の時期によって異なるからです。炭素をいちばん吸収するのは、植えてから20年ほどたった頃。その後40年生になる頃まで成長が続きます。その後は成長しなくなり、80年生を超えるとほとんど炭素を吸収しなくなっていくと言われてきました。だから温暖化防止だけを考えれば老木には効果が少ないのですが、再び盛り返して炭素を吸収していくことが最近になってわかりました。老いたからといって、炭素を吸収しなくなるわけではなかったのです。

木の性質は年月とともに変わっていきます。たとえば秋田県の「わっぱめし」で有名な「秋田スギ」で作る「曲げ輪っぱ」は、通常樹齢200年ほどのスギで作られます。そうでないと、粘って曲げられる板にならないし、抗菌性も高くならない。秋田県大館市では、地域の伝統工芸品「大館曲げわっぱ」の材料となってきた天然秋田スギに替わる木材資源を育成するために、「大館曲げわっぱ150年の森育成事業」という事業を開始しています。

また「more trees」（代表：坂本龍一氏）が紹介する鳥取県智頭町の「100年スギ」

は強くて粘りがあり、耐久性に優れていると言われています。実際に、狂いが少なくなって使いやすい木材となります。つまり、用途によって必要な木材の性質が異なるのです。早く育てることだけが良いわけではありません。

スギの二酸化炭素吸収量では樹齢20年を超えたところでピークがくることになっていますが、本当は違っていたようです。通常、成長が鈍くなった40〜60年の間が「伐採期」で、皆伐して再度苗から植林をしていくのですが、ぼくたちの山ではこんなことはしません。山を裸にしてしまうと少しの雨でも山が崩れてしまいますし、再度植えても伸びてくる雑草に負けて簡単には育たないからです。

◆１００年以上持つ「天然住宅」では、建て替え時には次のスギが育っている

木材のカスケード利用の最上流から順に考えてみましょう。日本ではまだあまり開発されていませんが、楽器材のトーンウッドや家具材、家を木造で新築するときの構造材などが最上流にあります。最近、ぼくたちは「wood be」という名前の、とても優れた木材乾燥技術を完成させました。木材は乾燥のさせ方次第で大きく変わってしまうからです。

この技術で乾燥させると、木材が生きている時のように艶やかになり、ヒビや割れを起

こさずに粘り強い強度を持ちます。しかもヒバ、スギ、ヒノキのように殺菌・ウイルスを中和させられる成分はそのままです。そして何より驚くのは、乾燥させる温度はこれまでの120℃と比べて65℃とほぼ半分に、乾燥時間も半分近くまで短くなり、必要な熱量も半分で済むようになりました。ウェブサイトもありますから、ぜひ調べてみてください。

それでは、家を木造で新築することになった場合、どれくらいの炭素を固定することができるのでしょうか。農林水産省が推計しているものがあるので紹介しましょう。

いろいろな家があるので単純ではないのですが、40坪の住宅を建てるためには、おおよそ20㎥の木材が必要です。たとえば、杉の木の直径が24㎝、高さ17mくらいとすると、この木の体積は約0・36㎥です。木は細い部分など使用できないところもありますので、歩留まりを60%として試算すると、40坪の住宅をたてるためには約90本の木が必要ということになります。

20㎥のスギの場合

20×314kg/㎥/2=3140kg（炭素換算）

により、3140kgの炭素を固定して貯蔵したことになる。

とあります。

ぼくが広めている「天然住宅」の場合は通常普通の木造建築よりも2倍以上の木材を使っているので、そこでは1軒あたり約6トンの炭素貯金をしたことになります。建物として立っている間中、二酸化炭素を貯蔵してくれています。しかも天然住宅では、可能な限り使い続けられるように設計していて、最低でも100年、可能なら300年持たせられるような木造住宅を造っています。その間に次のスギが育ってくれるので（一般的には50年）、建て替えるときには次のスギが育っているというわけです。

◆「森を守って、健康・長持ち」を実現する

「天然住宅」が目指しているのは「森を守って、健康・長持ち」を実現しながら、持続可能な生活のための「巣」をつくることです。住まいを買うのって怖いですね。高い買い物で、人生に何回も機会はありません。その住まいがシックハウスと呼ばれる「病気を作ってしまう家」で、長持ちしない家だったら、悔やんでも悔やみきれません。

そんなことがないように、人体に有害な物質は極力排除して建てています。だからビニールクロスを使わないだけでなく、接着剤も使わず、ベニヤ板も使いません。使っているのはすでに述べた「くりこまくんえん」の国産・無垢の木材で、乾燥方法にこだわってい

ます。

最近は「コロナウイルス対策」がうるさいほどに言われていますね。このウイルスに対しても、スギの持つ精油分にはウイルス中和（ウイルスは生物扱いしないので「殺菌」と言わずに「中和」と呼びます）の効果があります。このスギ材には殺菌力もあるので、室内に使うと室内のダニなどは1週間ですべていなくなります。スギの成分は、「発酵」させやすく、「腐敗」させにくい効果があります。昔から酒樽、醤油樽、食品の「経木」や「かまぼこ板」に使われるのも同じ理由です。スギで食品棚を作ると、中に入れたものが長持ちします。

木造住宅が長く使われるようになれば、大気中の二酸化炭素量も減ります。30年ぐらいで家を建て直してしまう現状が、最大の資源浪費ですから。

◆「持続可能な暮らし」を目指して

天然住宅は山側の人たちとともに、「持続可能な暮らしの実現」を進めています。山側で植林、間伐・択伐、薪割りなどをお手伝いすることは、山で樵(きこり)をする側の想いや考えていることを聞くのも役に立ちます。その空間に行けば、彼らが何に気を配っているのかなど多くのことを知ることができる。山には牛や馬を放ち、なるべく広葉樹を残して自然な状態で持続可能な林業をしようとしています。山を保全していくには数世代だけではできません。その先の世代へとつなげていくためには、体感を伴った教育の仕組みが必要です。

町に住んでいるぼくたち自身も、同じように持続可能な暮らしをしていきたい。天然住宅の建て主さんたちにはそうした意識のある人たちが多い。だから住宅は合わせて省エネや自然エネルギーの利用ができるようにしています。

残念ながら費用次第になってしまう部分も多いのですが、長期金利の低い融資も、自然エネルギー利用の「自エネ組」や、パーソナルエナジーを作った「慧通信技術工業」とも協力して、電気も自給できる仕組みを模索しています。

山でも町でもエネルギー自給を目指していけば、いつか完全に持続可能な仕組みができるだろう。省エネになる住まいは実現しました。次は住まいで自給できる仕組みにしていきたいと思っています。たとえ家の中に閉じこもった暮らしをしていても、未来と希望を見渡せる住まいを実現したいのです。

第六章　土壌からの温暖化防止

◆「化石燃料を使わない」だけではなく、「土壌を大切にする」温暖化対策が必要

さらにもう一つ、地球温暖化解決の効果的な方法があります。それは、「4パーミル（0・4%）の炭素を土壌に」というものです。これは2015年、パリ協定採択の際にフランス政府が提案したアイデアです。「今ある耕作地の土壌に、毎年0・4%の炭素を増やすだけでいい」というものなんですね。

それだけで、全世界では毎年大気に放出される二酸化炭素の75%を耕作地に貯め込むことができるというんです。でも、この提案を多くの人は知りません。なぜなら地球温暖化は、ほとんど農業などとは関係ないと思われているからです。

でも地球上の大気の炭素分の約半分は、もともと土壌から放出されたもの。人間が大地をひっくり返して、土地に蓄えられていた炭素を大気中に放出させたり、燃やしたりしたんです。地球温暖化と言えば「化石燃料の燃焼」の問題ばかりが注目されますが、実はそれ以前からの「大地のかく乱」の影響のほうが大きかったんですね。ただし化石燃料を使用する以前のことですから、二酸化炭素の排出量もずっと少なかったのですが。

今の地球温暖化で相手にしなければならない化石燃料由来の二酸化炭素の量は桁違いで

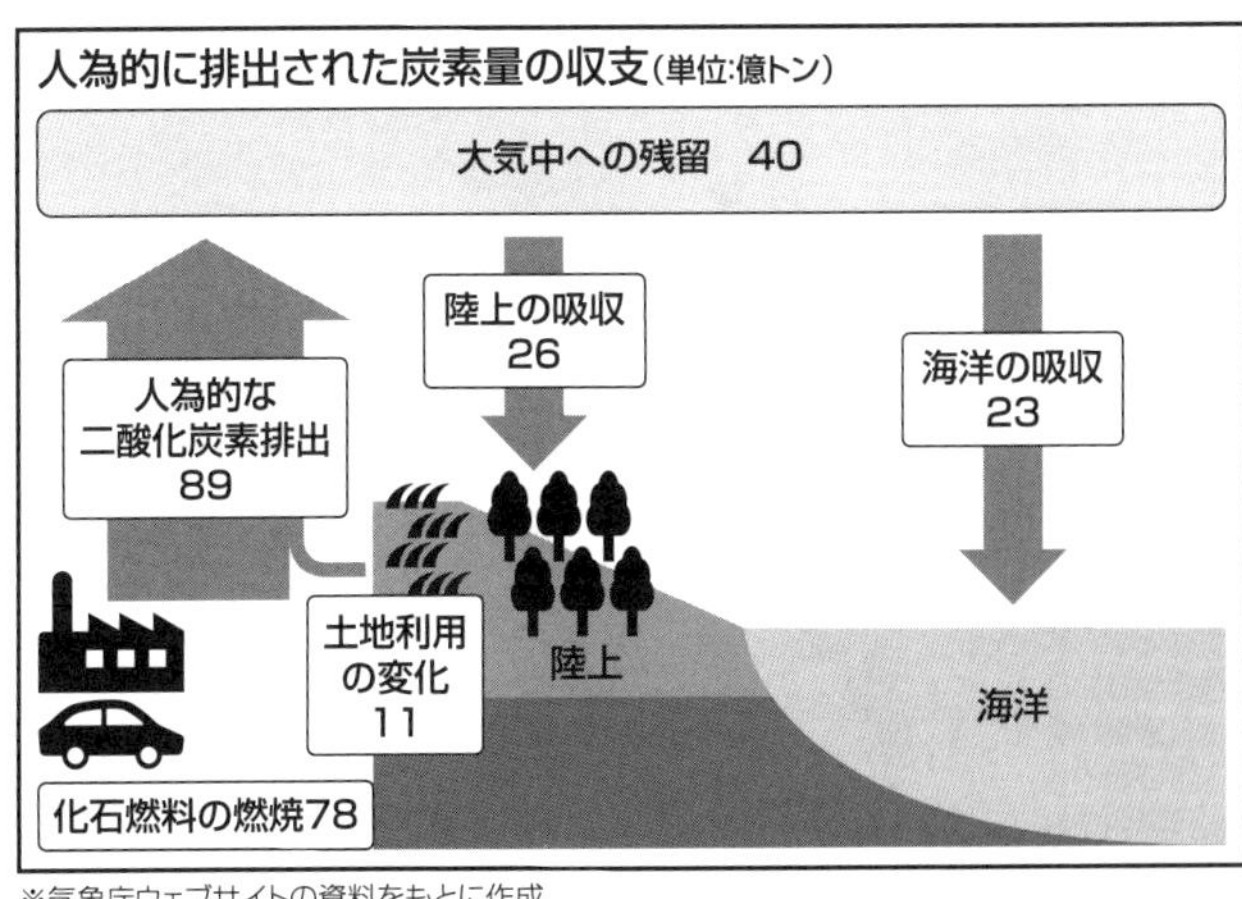

※気象庁ウェブサイトの資料をもとに作成

す。それはどれほどの量なのか、ここでIPCCの2013年データにもとづいて示してみましょう。

人間が放出している炭素が89億トンで、陸上と海域に吸収されているのが49億トン、地球を暖めてしまう温室効果ガスとしてのCO_2が40億トンです。

この89億トンという全世界の排出量は、炭素換算されたものです。「二酸化炭素」を「炭素」に換算するには、二酸化炭素排出量に44分の12をかける必要があります。逆に、炭素換算の値に3・67をかけるとCO_2の量が得られます。

ということは、「現在排出している89億トンの中の40億トン」を減らせばいい。これは

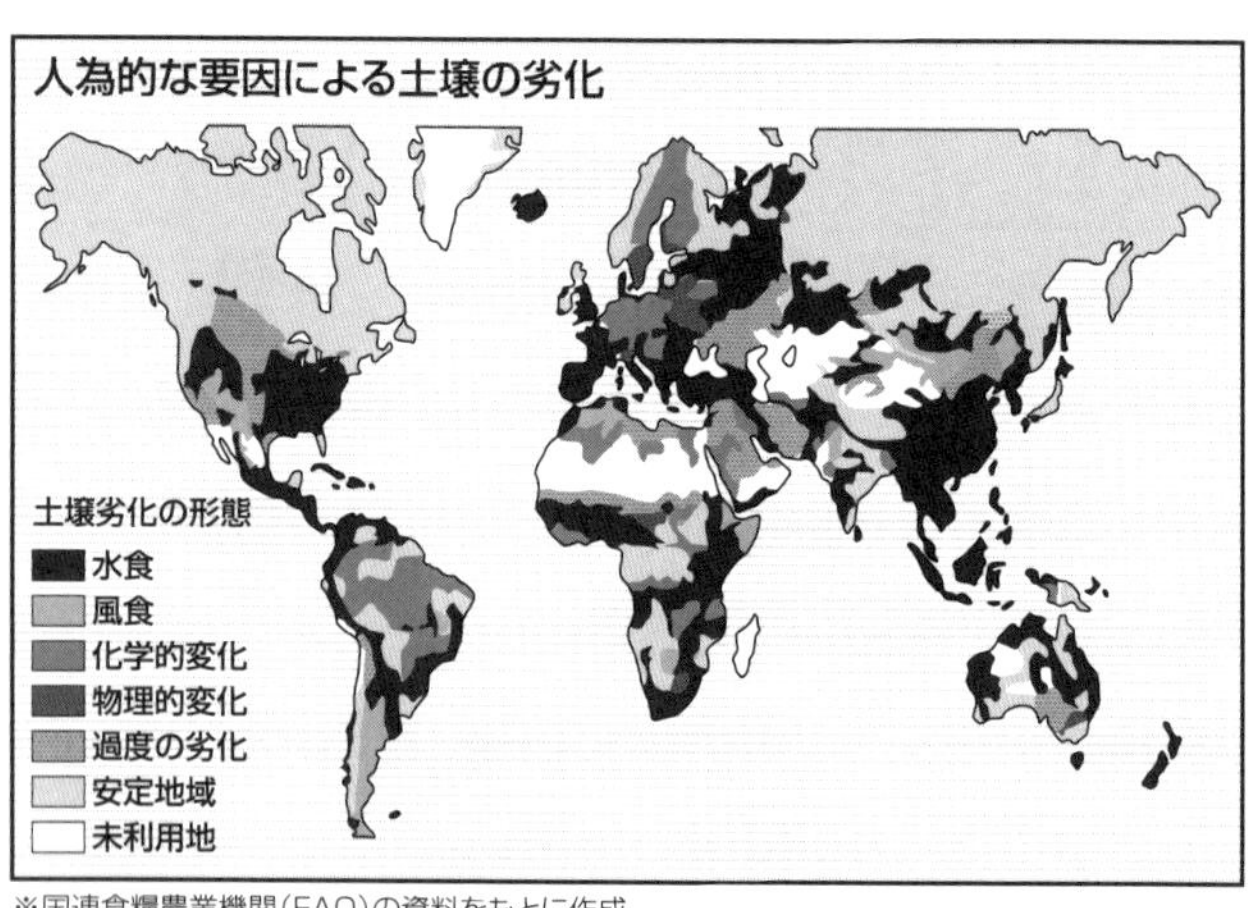

※国連食糧農業機関（FAO）の資料をもとに作成

つまり、全体の45％を減らせば良いということになります。この40億トンを地中に蓄積させればいい。でも、そんなに多くの量を蓄積させることが本当に可能なのでしょうか。

そうなると、抜本的な考え方の変換が必要になってきます。「化石燃料を使わない」だけではなく、「土壌を大切にする」地球温暖化対策が必要になる。

ＦＡＯ（国際連合食糧農業機関）の地図には、世界の土壌がどれほど壊されたかが示されています。それを見ると、日本は意外と「安定地域」となっています。しかし、世界的に見ると地球の土壌の荒れ方は惨憺たるありさまです。

確かに振り返ってみると、世界中でのエネ

ルギーのムダな利用以前に、世界各地での土壌流出や劣化、農地の荒廃は語られていました。それが実は、大きな地球温暖化の原因として注目され始めています。

土は無機物と有機物との混合物で、生命を育む「母」でした。それが戦後に広がった化学肥料の〝洗脳〟の中で、ただの無機物みたいに扱われるようになったんです。土を有機物として考えると、たくさんの微生物がいて、その豊かさに支えられて作物が育ち、人間を含む動物たちが生きられます。

「肥料の三要素」とされる「窒素、リン酸、カリウム」だけでは植物は育ちません。植物は根の周囲の菌類や微生物との共生によって、根の張った広さの7倍の範囲から栄養分を集めていると言われています。その菌や微生物たちに栄養を届けるために、植物は根から水溶性の炭素や糖分などの栄養を届けていたんですね。

◆土の中に炭素を貯め込む微生物の力

森林が二酸化炭素の吸収に役立っていることはよく知られています。多くの人は「木々が二酸化炭素を吸収して、木の中に炭素をため込んでいるからだろう」と思っていることでしょう。ところが、実はいちばん炭素を貯め込んでいるのはその土壌なんです。例えば

「炭素蓄積」と言えば「森林」を思い浮かべますが、森林総合研究所は次のように説明しています。

「日本全国の森林土壌中に貯えられているおおよその炭素量を試算してみると、その量は54億トンにもなります。我が国の森林の樹木中に貯えられている炭素が約11億トンほどですから、我が国の森林の土壌中には，実に樹木中の約5倍もの炭素が貯まっている勘定になります。我が国で1年間に排出される二酸化炭素は炭素として約3億2000万トンほどですから、その16年分以上の排出量に、あるいは、全世界で1年間に化石燃料消費で排出される二酸化炭素の量にほぼ匹敵します。森林の土壌は樹木の生育を支えているだけでなく、このように、膨大な量の二酸化炭素を貯留することで環境保全に貢献しているのです」

実に、木々の5倍もため込んでいる。大気中の二酸化炭素を減らしてくれているのは土壌だったんです。日本の年間二酸化炭素排出量と比較すると、約18倍になる。もちろん地球温暖化を起こさない範囲の二酸化炭素ならば放出しても問題ありません。約半分の二酸化炭素の放出量までは森林や海洋に吸収されるのですから、その許される排出量と比較すると、36倍近くになります。

そう聞くと、「根が重要なのだ」と思うでしょう？　ところが根ではなく、根の周辺に共生する「菌根菌」と呼ばれる微生物が、根よりも多くの栄養や水分を集めているのです。植物が生えると植物は根を伸ばし、そこから液化した炭素を土に溢れさせます。植物は「菌根圏」に栄養を届ける代わりに、その菌たちの働きによって7倍もの広さから「ミネラル、栄養素、水分」などを集めてもらうのです。この植物と微生物群との共生関係によって、炭素が微生物に与えられ、植物は強く育つことができるのです。

その結果、土壌はその有機微生物自身も含めて炭素に満ちている状態になります。豊かな土壌では、たった1gの中に1兆もの微生物が生きていて、植物と共存しているんです。菌根菌の8割は「アーバスキュラー菌」と呼ばれる菌です。この菌は陸上に植物が上陸した5億年前から植物とともに上陸しました。人工林の多くを占めるスギやヒノキもまた、このアーバスキュラー菌と共生しています。その力のおかげで森林が生育しているといってもいいでしょう。

この菌のない状態で育てると、森林は十分に育たなくなります。しかし土壌の中にはたくさんの菌がいるので、特に不自由なく育てることができています。菌たちは目にも見えないほどの胞子を大量に作り、共生する時を待ちながら休眠しているのです。

しかし人間はお金のためなら何をするかわかりませんから、もしかしたらこれらの大量の胞子すら絶滅させるほどの農薬を撒くかもしれません。現に今だって、森林に大量の農薬・除草剤を撒いているのですから……。

◆地下湖に莫大な量の二酸化炭素が蓄積されている!?

ここでたいへん面白い事例を見つけました。中国の新疆ウイグル自治区です。石油や天然ガスが取れて資源が豊かなために、今や世界中から、そして中国政府からもホットな扱いを受けている地域です。

あまり知られていませんが、そこにはアメリカの五大湖の10倍もの地下水を蓄えている地下湖があります。その地下湖に、約1兆トンもの莫大な二酸化炭素（CO_2）が蓄積されているというんですね。IPCC（気候変動に関する政府間パネル）の初期の頃には、「どこに吸収されているかわからないCO_2」の存在があり、「ミッシング・シンク」（missing sink）と呼ばれて論争となっていました。このことについての論文は、「ワイリーサイエンスカフェ」というサイトの「『消えたCO_2』の謎が解明か／砂漠の地下の帯水層が大量のCO_2を貯蔵、農業による灌漑が加速」という記事で次のように紹介されています。

「植物の根や地中の微生物から土壌中に排出されたCO$_2$は、乾いた砂漠なら大部分が大気中に放出されますが、この地域の農地では、農家が塩害対策として大量に使用する灌漑用水とともに地下深くに送り込まれ、……地下水を蓄える帯水層……に約200億トンのCO$_2$が蓄積されたのではないか」

要は「植物の根から土壌中に排出される『液体化した炭素』が、地下水に蓄積されていた」というのです。確かに植物は土壌の微生物と共生していて、微生物に栄養を届ける代わりに、ミネラルや水分等を届けてもらうことが知られています。

植物は自分が必要とする炭素分だけでなくて、菌根圏にいる微生物たちのための分も炭素を固定しているんですね。それがこの地域では、塩害対策として大量に使用する灌漑用水と一緒に地下深くに送り込まれたということです。

こうして、帯水層の地下水にはものすごい量の二酸化炭素が炭素の形で含まれていることがわかったのですが、さらにこの帯水層を調べてみてわかったことがあります。新疆ウイグル自治区にはタリム盆地という大きな砂漠が広がっていますが、そこで人間が農業をやっていた時代のほうが多くの二酸化炭素を地底に封じ込めることができていたんです。普通、人間がいると二酸化炭素の排出量が増えると思いますよね。ところが、人間が農業をすることで、どんどん二酸化炭素がこの帯水層に詰められていったということがわかりました。これが「ミッシング・シンク」と呼ばれる、計算と合わない炭素放出量と炭素吸収量の差 を埋めるものではないかと想定されたのです。

◆毎年0・4%の炭素を土に戻せば、温暖化はわずか数年で防止できる

この場合は、たまたま地下湖に炭素が蓄えられました。もしそこに微生物がたくさん住んでいる土壌があったとしたら、それは地中の有機分として蓄えられていたでしょう。植物と微生物の共生の中に、炭素を含ませていく。実は、自然の摂理に沿って行われる農業は、土に炭素を蓄積させる優れた方法なのです。

ところが、現在は農薬や化学肥料に頼る農業によって、微生物がいなくても成り立つような農業が増えています。そのため、作物と微生物の共生が壊されて土壌の炭素がどんどん大気中に出てしまいました。

先ほども述べましたが、もし世界中の農家が0・4%ずつその炭素を土に戻していったら、世界で毎年出されている二酸化炭素の75%を回収できる。ということは、温暖化はわずか数年で防止できるということになります。そういう提案を、フランス政府は2015

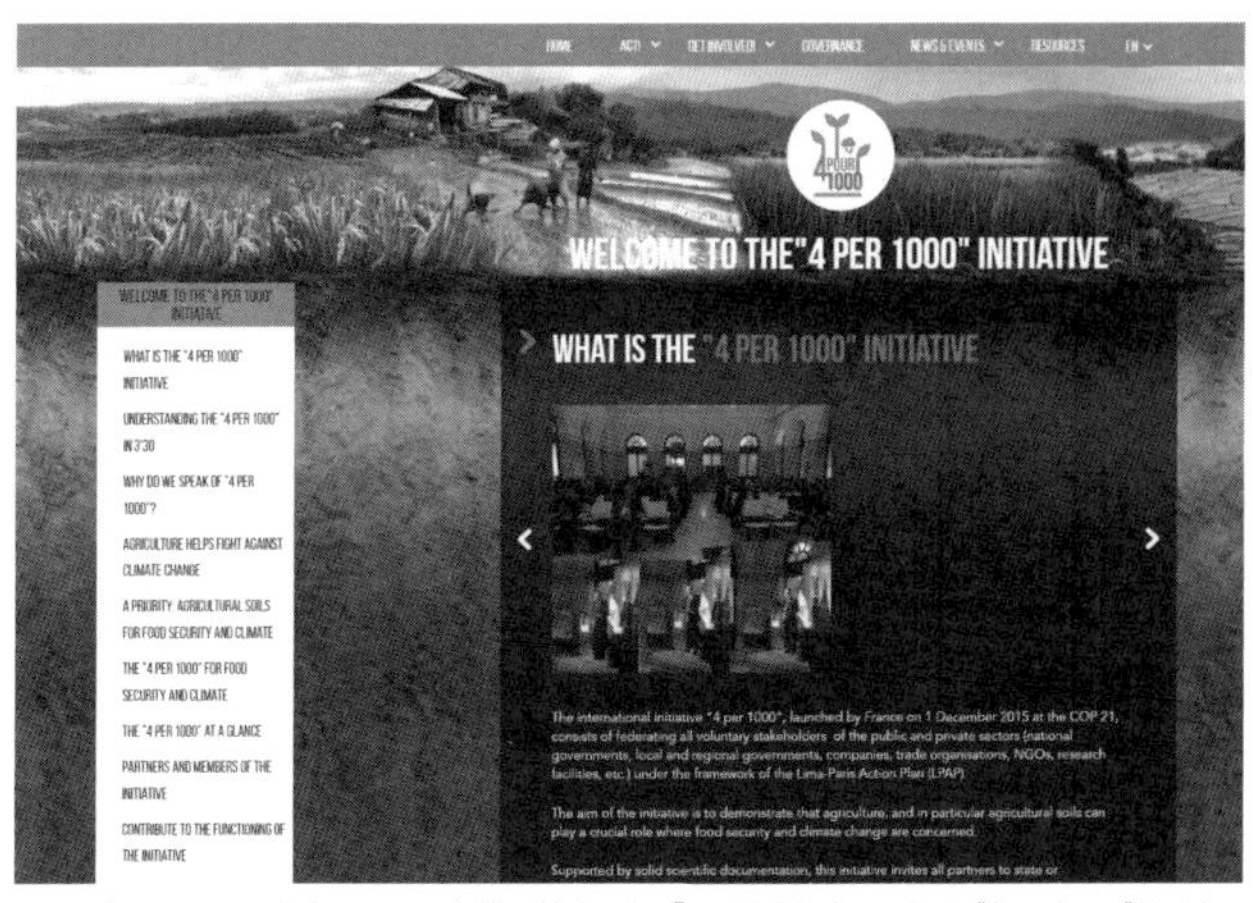

2015年のCOP21からフランス主導で始まった「4/1000イニシアチブ」のウェブサイト（https://www.4p1000.org/）

年のＣＯＰ21で出してきました。

　このことは、日本ではまったく紹介されていません。地球温暖化問題を追いかけている人は、農業について考えていないからです。農業はかつて、地球温暖化の最大の問題でした。ところがその農業が、逆に炭素を地中に固定することができることがわかってきました[1]

　そして、世界にはそのことをさらに調べた人たちがいました。なぜ農業が炭素を蓄えてくれるのかというと、土壌に生えてくる作物が成長するためには、いろいろな微量成分が足りません。それをとるために、根っこの先に微生物を住まわせているんです。その微生物が集めてきた微量成分を使って育っていく。そして、炭素を含めた余剰の栄養分を微生物に戻している。このことは先ほども説明しました。

土の中ではこういうことが起こっているというのがわかりました。もしこれをやっていくためには、どうしたらいいのか。その農法は、近代農業のイメージとはまったく違ってきます。土を耕すたびに二酸化炭素が発生するから、耕さないほうがいい。それよりも、微生物が元気に活動できる土づくりが重要で、化学物質は使わない。化学肥料も農薬も使わずに微生物と共生するということが、その時フランス政府が出してきた「炭素貯蔵農法」には必要なことだったんです。

ぼくはこれを知った時に、「なぜフランスがパリ協定なるものを強気で作ったのか？」という理由がわかる気がしました。フランスは、この炭素貯蔵農法をやっていけば温暖化は解決できると踏んだのです。二重底で穴だらけの協定をなぜ急いで作らせたかというと、実はフランスはこの〝隠し玉〟を持っていたからなんだと思います。

◆いくら連作しても土地が痩せない不思議な土「テラプレタ」

日本人は、語学の壁もあって世界で起きていることをあまり知りません。世界ではもっとすごいことが起こっていました。何かというと、アマゾンの源流近くから中流にかけて「テラプレタ」という土があちこちで見つかったのです。直訳すると「黒い土」という意味です。

ブラジルに移民して行った日系人は、この土の存在に気がついていました。その土はものすごく豊かで、不思議なことにいくら連作しても障害を起こさない。通常、アマゾンでは3回作物を作ると土が痩せてしまいます。ところがこの黒い上では、何度作物を作っても大丈夫なんですよ。

この不思議な土「テラプレタ」とは何ものなのかということが調べられてきたんですが、2004年にやっとわかりました。この土は、先住民のインディオたちが人為的に作った土だった。有機物を不完全燃焼させて「炭」を作り、それをアマゾンのやせ細った赤土「ラテライト」と混ぜ合わせたものだったんですね。

これを少なくとも約6000年前から作っていたんですよ。そして、そのはるか昔に作られた土が栄養を失わずに、いまだに現役で使えるんです。

そして、さらに調べていく中で一つの伝説が復活します。「エルドラド伝説」です。アマゾンには、〝黄金郷〟と呼ばれる都市・エルドラドがあると言われていたんですね。

１５００年代にヨーロッパの探検家たちが黄金を求めて南米大陸に渡りました。そしてそこには「黄金郷は見つからなかったけど、何万人も住んでいる都市があった」と報告されました。ところが、その１００年後に別の探検家が行ってみたら、転々と暮らす狩猟採集民族しかいなかったという。「あいつの言っていた話はデマだ」というふうになってしまいました。

西洋人たちが持ち込んだ感染性の麻疹や天然痘、結核菌などの蔓延によって、インディオたちが亡くなり、テラプレタをつくる文化を持っていた社会が集団ごと消滅してしまったのでしょう。その後、日系移民に再発見されるまでこの土のことは忘れられていました。

当時、あちこちに広がっていたはずのテラプレタを合計したらどれくらいあったのでしょうか？　実は、フランス一国分の広さの土壌がこのテラプレタだったそうです。じゃあそこで作った作物によって賄える人口は？　数百万人です。だから数百万人がここに都市を作ることがそもそもできていたんです。

だからその数百万人の人たちはここに都市を作っただろう。そして今では「エルドラドは存在した」とみなされています。なぜそこまで豊かだったのでしょうか？　それがこのテラプレタのおかげだったんですよ。

この黒い土は炭と木酢液を混ぜ込んだもので、それ以外に廃棄物とか糞尿とか、いろんなゴミを焼いた形で突っ込んだだけの土です。じゃあこのテラプレタを作ることはできないのかと、今世界中でテラプレタ作りをやっています。そして今のところは残念ながら誰も実現できていません。

今はさらに調査が進化していて、北アメリカは西洋の植民地にされる前に、「テラプレタ」と同様の「モリ土壌」と呼ばれる豊かな土地に覆われていたことがわかりました。西洋からの侵略者たちはただ侵略し、伝染病を移して殺戮し、豊かな土地を使い捨てにしながらダメにしてきただけだったのです。その西洋人たちの子孫が、今やこうした人為的な「炭素作り」を、「バイオチャー（Biochar）」と呼んで進めています。

そう考えると、日本には豊かな土地を保持してきている土壌も多い。そのために「炭」を混ぜ込んだ「バイオチャー（Biochar）」が欠かせません。土地を豊かにするだけでなく、それを土壌に混ぜ合わせるだけで、地球温暖化も防げるのです。「テラプレタ」の場所によっては、黒い土の20％近くが「炭」だったりします。世界中を見回してみると、ほぼ無限に炭素を入れる必要のある土地があることがわかります。

世界の全耕地で「テラプレタ」を合理的に利用したなら、それだけで地球温暖化を防止することができるのです。もし「テラプレタ」にできれば、そこに蓄えられる炭素の量は、「4パーミル」の数十倍になります。すると貯蔵される二酸化炭素の量は地球温暖化を補って余りあるものにすることができるというわけです。

土は「廃棄物」などではありません。それはこれから解き明かされる未来への鍵であり、多くのことを知らせてくれる知識の集積かも知れません。それだけの可能性を持つものだと思います。

◆たった1年で温暖化を防止することができる、新たな解決策

我々の科学というのは、説明するには使えるんですが、新しいものを作ることには向かないんですよね。「新しいものを作る能力」とは何でしょうか？　ぼくは〝共感する能力〟だと思っています。つまり微生物がご機嫌に暮らしているのかどうか？　そこに生えてきた植物がご機嫌に生えていられるのかどうか？　ペットが元気にしているかどうか？

実はペットのご機嫌って、欧米人にはわからないそうです。ぼくはわからないことのほうが不思議ですよ。だってペットがご機嫌になっているか悲しんでいるか怒っているのか、見れば一発でわかると思うんですが、この感性って実は日本人のほうが圧倒的に高い。

この「いろいろなものに共感できる能力」が、たぶんすごく重要なんだと思います。たとえば有機無農薬で農業をやっている人は、植物を見たら「これはちょっと喉が渇いているんだ」とか言ったりしますね。

何でわかるんだろうと思うけど、その人は当たり前に思って「いや、こんなに喉が渇いて困っているじゃないかこいつ」なんて言っているわけだけど、その共感力がぼくは未来を作る能力になるんじゃないかと思います。新しいものを作るのは、いつも共感力だと思うんですね。

そうだとすると、温暖化防止にはまったく新たな解決策が出てきます。フランス政府は世界中の耕作地の炭素を毎年０・４％増やせと言いましたね。その時に、「5年で解決できる」という数字を出しているんですよ。じゃあこれをテラプレタでやったらどうなるか？　実はテラプレタで作れる「土の中に入れることのできる炭素の量」は、「4パーミルイニシアチブ」の5～10倍です。つまり、たった1年で温暖化を防止することが可能になるかもしれません。

ただ、いっぺんにやってすべての木を木炭にされても困るので、それをゆっくりやっていったらいいなと思います。実は、炭にできるのは木だけではないんです。有機物はすべて不完全燃焼させて炭にすることができます。今ゴミとして燃やしているのは、有機物で燃えるからゴミとして出しているわけですね。あれを全部炭にしたらいいと思います。

生ゴミは全部炭にして、その炭を土の中に入れてやると作物は非常に豊かに実り、病気は少なくなり、良いことづくしになります。これを進めていって、ゴミ焼却場をこの世からすべてなくしていければ、わずかな年数で温暖化問題は解決可能になります。

筆者の自宅庭で無煙炭化器を使って炭作りを行う。「無煙」とはいうものの、意外と煙が出るため都会で使うのは難しい

そしてこの炭作り、「面白そうだな」と思ってぼくも自宅で炭づくりができる装置を買いました。鉄板を曲げて下は抜けている作りのもので、当時1万8000円のものがAmazonでは1万4000円で売っていました。「鉄板を曲げただけなのに、何でそんなに高いの？」と思いますが、たぶん輻射熱が多く出る金属を使っているからでしょう。

銅の板を曲げて輻射熱を出し、ここで物を燃やすとどんどん輻射熱を反射してくる。その熱でさらに燃やしていくんですが、残念ながら酸素は下から入ってこられません。そうすると酸素がないので、そのまま炭焼きのように不完全燃焼して、最終的には炭になるんです。

これを買ってきて、趣味として庭で一生懸命炭にして楽しんでいるわけです。たくさん作ったので、今度はそれを土に混ぜ込んで、庭の中で農業をやってみようと思っています。これができていったら、先ほどのフランス政府の言っている「炭素を貯めこむ」という農法ではないのに、そのやり方の5～10倍の炭素を土の中に入れることができます。

木炭というのは、木が炭素として持っていた二酸化炭素の8割を残すことができます。しかも炭素だけでできているので、劣化せず半永久的にもちます。そして「多孔質」、つまり穴がたくさん空いているので、そこに微生物が住みつくんです。その微生物は、自分と植物が生きるためのいろいろな微量成分を一生懸命集めてきてくれる。そのおかげで植物が豊かになるという仕組みです。

◆野菜を健康に育てる「菌ちゃん農法」

そしてもう一つ、面白い農法をぼくの友人がやっているので紹介します。「菌ちゃん農法」と言います。微生物の菌を使った農法なのですが、例えば子どもたちのいる幼稚園などでやっていたりします。生ゴミを持って来させて、微生物の「菌ちゃん」に食べてもらうには、この生ゴミが大きすぎる。

「菌ちゃんたちは口が小さいから、細かくしてやろうね」と子どもたちに踏ませるんですよ。踏ませて細かくなったものを土の中に混ぜ込みます。そして水よけ用のビニールシートをかけます。その理由は、日本は雨が多すぎるのでどうしてもぐちゃぐちゃに腐りやすいからです。そうなると腐敗菌のほうが発生してしまうので、発酵菌を使った農業をするためにはなるべく水が少ないほうがいいのです。

実地で「菌ちゃん農法」を指導する吉田俊道さん

そしてしばらく経つと、そこが見事な土になっていきます。そこに子どもたちに作物を植えさせて、その上を枯れた草で覆います。そうすると雑草が出てこなくなって、この草がどんどん分解され、次の作物の栄養になっていってくれます。それを幼稚園、保育園、小学校、中学校などで指導しているのです。

たとえば我々は「有機無農薬で作った野菜は虫がつく」と考えますね。でもそれは間違いです。虫がつくのは、植物が弱ってしまったから。日本は窒素の多すぎる畑が多く、虫たちが窒素の匂いに惹かれて食べに来るという状況ですね。植物が弱るのは自然の摂理に逆らっているからです。それを虫が食べることで、植物にもう1回チャンスを与えるんです。だから虫が分解してリセットするために出てくるんです。

ところが、健康に育った野菜は虫が嫌う成分を出します。これを植物の化学物質、という意味で「フィトケミカル」、または「ファイトケミカル」と言います。このフィトケミカルを我々が食べるとどうなるでしょうか？

フィトケミカルを多量に含んだ野菜を我々がとると、病気をしにくくなります。抗酸化作用でガンを防ぐとも言われています。腎臓・肝臓のない虫たちは致命傷を負うんですが、人間はこれを分解して利用することができるんです。

例えば「ガン予防としてブロッコリーを食べるといい」と言われることがありますが、そのブロッコリーに含まれているのは「スルフォラファン」という抗酸化物質なんですね。そのスルフォラファンが豊富なブロッコリーには、虫がつきにくいんですよ。

「では虫たちは、何を嫌がっているのだろうか？」ということで実験をしてわかったのは、何とそのスルフォラファンこそが虫の嫌がる物質だったんです。そして、それを子どもたちに食べさせてみたんですね。そうしたら以前は肌荒れ、花粉症、アトピー等が「出る」「たまにある」という子が多かったんですけど、「ない」が圧倒的になりました。そして「病院によく行く？」「カゼを引きやすい？」と聞くと、「ときどきある」「たまにある」が多かったのですが、「ない」が圧倒的になった。子どもたちが病気をしなくなる。そういうことが現実に、食べものによって起きたんですね。

◆新たな農業の形を進めつつ、温暖化対策にも

そして、作物はそれを食べた人の基礎体温も左右します。今は基礎体温が36℃以下の「低体温症」の子どもが、小学校入学時に半数近くいるそうです。「低体温」になると免疫力が低下し、病気になりやすくなるということはよく知られています。

ところが微生物の菌で育てた有機無農薬野菜（「菌ちゃん野菜」と呼ばれています）を食べた子どもたちの8割は36・5℃まで上がりました。これ、香川県三豊市の仁尾小学校で統計をとったんです。

では体温が上がった子たちは1年中そうだったのかと言うと、3月と8月だけ体温が下がってしまいました。つまり、学校給食のない日は「菌ちゃん野菜」を食べられなかったので、子どもたちの基礎体温が落ちたのではないかということです。

そしてその作物を作っているのが吉田俊道さんという、長崎県佐世保市で農家をやっているぼくの友人なんです。その彼が始めたのが「もみがらを炭にする」という方法です。そして「この炭を土の中に混ぜ込んでいってテラプレタにしたい」と彼は言っていて、それを今も実験中です。

これを成功させることができたら、私たちの病気を減らすことができるうえにゴミも減って、農薬や肥料も必要なくなって、なおかつ栄養分が非常に多い作物を作ることができるようになります。そして土は温暖化対策になる。

ついでに言うとフィトケミカルは、植物の種と皮と成長点に圧倒的に含まれています。カレーライスを作る時に、皮を剥いて種を捨てますよね。我々は、実は栄養のない部分ばかり食べているんですね。「その栄養のある部分をどうやったら食べられるか?」と聞いてみたら、簡単なことでした。

要は、味噌汁を作る時にダシをとるみたいに、皮や種などをだし網に入れて、お湯の中ではほんの1〜10分煮てやればいいだけだそうです。そのフィトケミカルは必ず、かたーい細胞の中に入っているので、熱をかけてやらないと外に出てきません。だから生で食べるよりも、グツグツ煮出させると良いというのです。だからラーメン屋でだし汁の中にくず野菜を放り込んで煮るような方法は、フィトケミカルから考えると合理的なんです。

こういう新たな形での農業は個人でもすぐに始められるものであり、温暖化問題を解決するうえでも大きな力となってくれるはずです。

◆土壌と樹木の共生関係を学べば、もっと早く解決策が見つかる

微生物の力はすごいですね。そもそも「土壌」という言葉には、「微生物と植物が共生している」という意味が込められているんです。ここで覚えてほしいのが「土壌」と「土」という言葉の違いです。同じ意味で使っていることが多いのですが、「日本土壌肥料学会」の定義では以下のようになっています。

「土壌は『植物をはじめとする生物を養い、物質の保持や循環などの機能』を持つという趣旨の定義をする著書は多く、ここでもこれを踏襲する」

つまり、

生命体との合作であるもの⇓「土壌」。

生物体とは関係なく風化などによってそこに降り積もったもの⇓「土」。

ということで、要は「有機体」かどうかの違いなのです。他の惑星のように生命のいないところは「土」でしかなく、豊かな「土壌」は生まれません。

地球は「ヒト」という単一の種のせいで、育ってきた大気も土壌も壊されようとしています。その解決策は「土壌と樹木」を守り育てるしかないのですから、もっと気をつけて扱わなければならない。大切なのは、土壌を作り上げた樹木と微生物との共生関係です。

それらを壊すような開発も農法もやめていきましょう。共生関係を学べば、もっと簡単に解決策は見つかるはずです。二酸化炭素を排出することで金儲けをしている人たちは、確かに最低です。でも、そんな利益に目がくらんでいる人たちをまともに覚醒させようと努力するよりも、もっとできることはたくさんあります。

「土地と樹木と微生物のために」汗を流すほうが有益だとは思いませんか。少なくともそれらのために努力することのほうが、ずっと気持ちよく働けるじゃないですか。

◆最大の対策は「植物」と「土壌」を守ること

さて、そうなると「植物」と「土壌」が二酸化炭素を減らす「頼みの綱」となるはずです。ところが、人間たちはそれを壊し続けています。大事なアマゾンの熱帯林は、ブラジル大統領の推進する開発によって破壊され続けているし、土壌の大切な微生物たちは殺虫剤、殺菌剤、除草剤によって殺され、豪雨と洪水によって土ごと失われています。

地球温暖化を止める最大の対策は、こうした「植物」と「土壌」を守るという話になるのだと思います。そうして見てみると、温暖化に関して「二酸化炭素の排出」の問題は第一の問題ではなく、いちばんの問題は多くの〝生命体の虐殺〟だったということが見えてきます。植物や微生物の命を、あまりにも軽く見すぎていたんです。

二酸化炭素の排出削減は政府や大企業の問題であり、一人ひとりのライフスタイルの問題ではありません。ぼくたちは、もっと身近で関係の大きい「植物」と「土壌」を守る活動に専念していいのではないでしょうか。政府や大企業がマトモになり、きちんと対策をするようにならなければ解決できないことは確かですが、それを思うあまりにぼくたち自身が動けなくなることは避けましょう。

　ぼくは家の生ゴミをコンポストにして、ゴミとして捨てるのをやめてみました。ゴミは圧倒的に減って軽くなり、その分だけ土は微生物によって豊かになった。こんなことが地球温暖化防止になるのなら、簡単に対策できるはずです。

　二酸化炭素を排出する大企業や政府に対しては、ひたすら批判することでいいのかもしれない。でもぼくたちは、「二酸化炭素原理主義」にはまって動きが取れなくなるのではなく、次の時代のための活動を始めていきませんか。対象は近くにある「植物」と「土壌」なのです。やれることは、まだまだいくらでもあります。

おわりに

どうだったでしょうか、ぼくの考えた「未来を作るため」の案は。前作は「地球温暖化は現実の問題なのだ」ということに焦点を置いていました。この間、地球温暖化に関するたくさんの本が出版されてきましたが、どれを読んでも「私たちにできること」には、「エコバッグを持つ」「一人ひとりがライフスタイルを変える」といったことばかりが書かれていました。しかし、二酸化炭素の大部分を排出しているのが大企業なのに、それで解決できるはずはありません。原因と解決策が違っているのだから、神頼みをするのと同じです。

前作を上梓してから、温暖化を本当に解決するためのアイデアを考え続けてきました。その案をこの本に詰めたつもりです。二酸化炭素排出を抑制するには、火力発電所の排出削減が特に重要です。電気のグリッドシステムから独立してエネルギーを自給していけば、大規模な発電所はどんどん不要になっていきます。

排出してしまった二酸化炭素については、「土壌」への貯蔵に希望を託しました。いま